ラジオと地域と図書館と

～コミュニティを繋ぐメディアの可能性～

内野 安彦
大林 正智 編著

ほおずき書籍

はじめに

大林　正智

図書館と本について語るラジオ番組「Dr.ルイスの〝本〟のひととき」の放送が始まって5年目に入りました。放送回数は200回を超え、出演したゲストは180人以上。このあたりで番組を「本」にして記録しておこうではないですか！という呼びかけに、多くの図書館員（番組出演経験者）が応え、集まってくれて本著ができました。ひとつのラジオ番組が、いかに人と人とを繋ぎ、コミュニティを形成していくかをご覧いただけると嬉しく思います。

番組では「クルマと音楽をこよなく愛する、熱〜い図書館人」と紹介されるDr.ルイス。「クルマと音楽と図書館？　どういう関係があるの？」と思われる方もいらっしゃるかもしれません。しかし心配はご無用。前著『クルマの図書館コレクション』では、クルマという切り口から図書館を紹介し、図書館への入り口を広げてみせてくれました。

今回はラジオ、コミュニティ放送という視点で、図書館と図書館員・図書館人、地域とコミュニティを考えます。

「図書館に来てほしい」「番組を聴いてほしい」という気持ちの詰まったこの一冊。どうぞ、ごゆっくりお楽しみください。

ラジオと地域と図書館と＊目　次

はじめに／大林 正智
コミュニティラジオの可能性を信じて……内野 安彦 9
コミュニティをつくり、繋ぐ「Dr.ルイスの〝本〟のひととき」……大林 正智 32
「声」の神秘性 ～「教室」としてのラジオ、「教材」としてのラジオ～……石川 敬史 68
本のひとときツーリズム……北澤 梨絵子 85
「ソウルラジオ」と「ソウルライブラリー」がコミュニティを創る……岩永 知子 97
妖しと魅惑の〝かじゃワールド〟にようこそ！……岩本 高幸 107
ラジオで広がれ！ 多読とマイクロ・ライブラリーの可能性……森藤 惠子 124
美味しい〝かじゃレシピ〟～広報担当的楽しみ方～……井上 俊子 145
かじゃミステリー劇場「今暴かれる『かじゃ』の正体!?」……栗生 育美 157

図書館とラジオ、そしてメディアの可能性……河西　聖子　175
ラジオ・かじゃ・すてきな出会い……高橋　彰子　186
鬼に角あり、薔薇に棘あり……千邑　淳子　198
腐女子転じてWebmasterへ、
サイト改装からコミュニティFMの可能性を探る……小曽川　真貴　218
Dr.ルイスの魔法の力　図書館発ラジオ経由かじゃ行き……棚次　英美　226

〈特別寄稿〉
番組放送200回に寄せて　近藤　良　239
ルイスと出会って知った図書館の世界　水井　御茶　242

おわりに／内野　安彦

ラジオと地域と図書館と

～コミュニティを繋ぐメディアの可能性～

コミュニティラジオの可能性を信じて

内野　安彦

私がラジオのパーソナリティですか？

図書館と本について語るラジオ番組のパーソナリティをやってみませんか、と突然言われたら、あなたはどんな反応をされますか。

「冗談でしょ、止めてくださいよ」

「どうして私が？　できるわけがないでしょう」

「滑舌の悪さは天下一品ですよ。とんでもない」

恐らく、二つ返事で引き受ける人は僅かではないでしょうか。

そんな突拍子もない依頼があったのは2012年8月27日。正確に言えば、依頼というより打診であったのですが、なぜか迷うことなく快諾しました。話を持ちかけてきたのは、茨城県鹿嶋市に事務所を置くコミュニティFM「エフエムかしま」で毎週1回60分の定期番組のパーソナリティを務める知人でした。知人とは言え、決して断りきれない間柄ではなく、正直、前からラジオのパーソナリティなるものをやってみたかったので、これはまさに天啓と受け止めました。

そもそものきっかけは、この知人の番組に二週続けてゲスト出演したこと。好き勝手に図書館の世界を語ったことが知人の興味をひいたようです。

実は、この知人とは妙な縁で繋がっているのです。私が鹿嶋市役所を退職した1997年3月31日の翌日、要するに4月1日に鹿嶋市初の外部からの招聘管理職として教育部長に抜擢された人です。一方、私は同日、長野県塩尻市に同じく外様管理職として初めて招聘されたのです。同じ日に互いに見知らぬ役所の、しかも衆目の集まる職位に就いた合縁奇縁の仲。私が意に反して鹿嶋を辞めさせられたわけではないので、意味は違いますが、私の中では1978年の江川事件（空白の一日）そのものなのです。

ただし、「仲」とは言っても、当時は全く見知らぬ仲でした。鹿嶋市役所が教育部長に大胆な人事を行ったなぁという程度の関心しかありませんでした。私は鹿嶋を離れ、塩尻で単身生活を始めました。鹿嶋市役所の話題は全く入ってきません。ところが2010年に急接近したのです。塩尻の新図書館が入った複合施設「えんぱーく」がオープンして早々の秋、鹿嶋から塩尻に視察に見えた読書推進市民団体に同行して、噂の教育部長がやってきたのです。夜は一行が宿泊する市内の施設での宴席に飛び入り参加させてもらい、それは楽しいひとときでした。酒席にいるのは図書館時代に親交のあった旧知の人たち（主にご婦人方）。見知らぬ土地に旅立っていった私にどれだけ労いの言葉をかけていただいたかしれません。しかも、そこはようやく耳慣れた「ずら」の世界ではなく、懐かしい「だっぺ」の世界。至福の時間でした。

その後、私の人生の大きな転換を迫られる前代未聞のやり取りが、この教育部長を介してあったこともあり、一時期、私の中で氏は最も大きな存在であり、何か面白いことを企てる天才と敬慕するに至ったのです。その人からのオファーであるということは、〝ラジオを通じて面白いことができるよ〟と暗に言われているようなものでした。

鹿嶋市役所時代、「おしえて、かしま」なる行政情報番組で、各課持ち回りで何回かスタジオの収録マイクの前で、所属していた部署の行政情報を話した（正しくは原稿を読んだ）ことは何度もありましたが、やっていても、オンエアを聴いても、ちっとも面白くありませんでした。そもそも、面白くする必要がない番組なので仕方がないと言えばそれまでですが……。

実を言うと、昔から人前で喋るのは大の苦手。全国各地を飛び回って喋っている現在、苦手意識が克服されたのかと問われれば、変わらず好きではありません。ただ、誰でも同じだと思いますが、好きなことを喋るのは楽しいもの。〝会議の冒頭に2分でご挨拶を〟とのお願いには毎回心臓がバクバクしますが、〝図書館について5時間喋ってほしい〟と頼まれれば、何の苦もなくノンストップで喋れます。何時間喋っても「意を尽くせない」消化不良状態で、パワポなんてものは不要。いくらでも喋れます。

現在、年間の3分の1は、講演や大学の授業に加え、ラジオ局のマイクの前で喋っています。ちなみに、２０１５年を例にとってみると、大学の授業が98回（1回90分）、講演・講義が33回（1回90分～5時間）、ラジオ番組の収録が52回（1回30分）。単純にこの３つを合計すると１８３回になります。大学の授業は1日に4コマ喋るような集中講義もあるので、およそ3日に1回は、誰かの記憶に、または何らかの記録に残るかたちで人前（20～１５０人余の受講者または参加者）か、マイク（全国のリスナー）の前で喋っている生活ということになります。しかも、私は非常勤講師。授業とは言え、１コマ90分喋るために京都や松本に遠征しなければなりません。授業開始の10分前に研究室を出ても余裕で間に合う専任教員のようなわけにはいきません。90分喋るために、会場までの移動や、ときには宿泊に係る諸準備も結構手間のかかる「仕事」として付いてきます。

要は年間の3分の1が遠征なのです。嫌いではは到底できません。もっとも、就活して得られる仕事ではありません。大学の授業を除く講演に関しては、私の講演をどこかで聞いたか、拙著を読まれたか、それとも噂に聞いたか、少なくとも依頼主は私を「なんらかのかたちで知っている」のです。だから、私は講演をするというより、〝私を待っている人に会いに行く〟という感じで講演先を訪ねます。そこで喋るのは、大好きな図書館の世界なのです。どこまででも行きます。

本と図書館をテーマにしたラジオ番組ってあるのでしょうか?

ところで、本と図書館について喋るラジオの定期番組って国内であるのでしょうか。あるとしても、図書館員が本の紹介をするといったもので、全国の図書館員がゲストとして毎週出演する番組というのは寡聞にして知りません。

そんな稀少な定期番組（毎週1回、再放送を含めると週2回）として4年余も続いているのが、私がパーソナリティを務める「Dr.ルイスの〝本〟のひととき」なのです。

本著は、世間にありがちな200回を節目にした記念本といった性格のものではありません。単なるお祝い本であれば自費出版で関係者に配ればいいだけの話です。

図書館という決してメジャーとは言えない世界をコンセプトにしたラジオ番組、しかもコミュニティFMという、これまた認知度の高くないと思われるメディアで4年余も続いているということ。また、この番組のリスナーがファンクラブを結成したこと（現在は解散）。さらに、この番組の出演者の有志が全国組織の新たなコミュニティをつくったということ。こうした現象をリスナーだけでなく広く周知することで、コミュニティラジオの可能性や、図書館の広報の在り方などを考えるきっかけとなることを意図して編んだものです。しかも、発信地は人口7万人に満たない地方都市。ラジオや図書館関係者をはじめ、まちづくりに関心を持つ人たちの参考になれば、と思いました。

私がリスナーとして最もラジオが身近だったのは12歳から18歳。洋楽のベストテンを扱った複数の番組を毎週しっかり聴いて、専用のノートに記録していた中学時代。高校生になると、夜更かしして聴いていたTBSラジオの「パックインミュージック」、文化放送の「セイ！　ヤング」、そしてニッポン放送の「オールナイトニッポン」と、文化放送の「大学受験ラジオ講座」。まさに、中学から高校にかけての6年間はテレビよりもラジオ漬けでした。

ラジオの魅力は何と言っても双方向性です。将来への不安を抱えた青春時代、同じような悩みを抱える全国の同胞の声に、どれだけ助けられ鼓舞されたことか。ラジオはまさにコミュニケーションツールの一つでした。しかも、コミュニケーションにはつきものの煩わしい人間関係のない優れものと言えました。

ラジオに関するアンケート(1)によると、ラジオを週2〜3回以上聴く人が約半数を占め、生活の中にしっかり根付いているメディアのようです。

また、「好きな番組」については、1位が「音楽」と答えた方が半数を超え、2位は「トーク中心の番組」と続きます。音楽に癒されたり、トークに笑ったり感動したりと、私自身、パーソナリティとして、収録中は電話口やスタジオに見えたゲストだけではなく、マイクの向こうのリスナーを思い浮かべながら喋っています。話題によっては、特定の方を想定した語りかけも少なくありません。きっと、ラジオを聴きながら「えっ!」って驚かれる顔を想像しながら喋るのは愉快なものです。

しかも、ラジオの最大の魅力は「別のことをしながら聴ける」こと。アンケートでも回答者の6割強が挙げています。

コミュニティ放送のマメ知識

ここで、簡単にコミュニティ放送の歴史を紐解いてみましょう。

我が国におけるコミュニティFM放送は、1992（平成4）年、函館の「FMいるか」で始まりました。同年1月に放送法施行規則の一部改正により放送法の規制が緩和され、超短波帯を用いたFMラジオ放送が制度化されたことによります(2)。

現在、コミュニティ放送の運営社は国内で303を数え（2016年8月19日現在）。日本コミュニティ放送協会（JCBA）には、そのうちの約74％が加盟しています(3)。

ちなみに、コミュニティラジオは、日本独自のものではありません。ラテンアメリカではポピュラーまたはエデュケーショナルラジオ、アメリカではルーラルまたはブッシュラジオと呼ばれ、ヨーロッパの一部ではフリーまたはアソシエーションラジオと呼ばれています(4)。NGOの世界コミュニティラジオ放送連盟（AMARC(5)）には150ヵ国、約4000名の放送者が加盟しています(6)。

国内では、1992（平成4）年の制度化以降、放送免許が許可されるのは株式会社（地方自治体が出資する第3セクターも含む）に限定されていましたが、1998（平成10）年に特別非営利活動促進法が制定されたことにより、2003（平成15）年3月に日本初のNPO法人京都コミュニティ放送が認可されました。(7) 現在は32のNPOによるコミュニティ放送が行われています。こういった歴史は、身近でやっている人がいないと知らない人が多いのではないでしょうか。

手短に国内外の状況を説明するとこんな感じです。いったいどれだけの人がコミュニティFMのことを知っているのでしょうか。私自身、正直言って、知人の番組にゲスト出演させていただくまで、インターネットで聴けることを知りませんでした。

これは、いまでもゲスト出演交渉のたびに、異口同音に相手から返されるリアクションです。まずはコミュニティFMというものを知りません。とはいえ、地元に放送局がなければ仕方がないことかもしれません。私は鹿嶋市役所時代、開局に至る経緯を多少は知る部署にいました。市民への浸透を図るため、FM文字多重放送（通称：見えるラジオ）受信機の各家庭配布など、市役所の関係部署が苦心していたのも間近で見ていました。

コミュニティ放送の最大の特徴は地域密着です。特に災害時には地域独自の防災情報が提供できます。実際、２０１１（平成23）年3月11日の東日本大震災被災地である鹿嶋市では、被災後しばらく続いたライフラインの寸断に苦しむ市民の皆さんに、〝どこそこのレストランは開店しています〟とか、〝〇〇何丁目の我が家の道路に面した駐車場にある水道は自由に使って構いません〟など、細かな生活情報を絶えず流しました。被災後の混乱の中での生活に密着した情報提供が、市民生活に貢献したことは言うまでもありません。情報だけでなく、そこに添えられるアナウンサーの優しい言葉にどれだけ市民が癒されたことか、まさにコミュニティだからこそ共有できる言葉ではなかったでしょうか。

コミュニティって何？

さて、本著は私のラジオに出演された方で、かつ平素もお付き合いいただいている皆さんに、コミュニティ放送と図書館について書いてもらったもので、学術的な論考ではありません。

ラジオ番組のパーソナリティを4年余務める元図書館員っていうのは稀有な存在である、とよく言われます。地方自治体職員として33年。うち14年は図書館で、それ以外は市役所の企画や広報や人事といった官房系の部署にいました。こうしたキャリアから、情報は流すだけではいけない。情報は必要とする人に届かなければ(届けなければ)いけない、と在職中ずっと悩んでいました。

長野県塩尻市に着任し、早速やったことの一つが休刊中の「図書館だより」の復刊でした。なぜ、広報に拘ったのか、それは市民とのコミュニケーションツールの一つだと思うからです。一枚のチラシと広報はそもそも違います。前者にはコミュニケーションの役割はありません。あくまで目的は周知です。しかし、後者は単に周知だけではありません。紙面からコミュニケーションが醸成されるメディアだと思います。

復刊を促したのは館長としての私でしたが、その後、創刊された児童用(月刊)、YA用(季刊)の広報紙はスタッフからの提案でした。私の退職後に創刊された、市内の書店と図書館員のコラボ紙「Book fan Newsletter」(月刊)と合わせ、現在、塩尻市立図書館では4紙の広報紙を発行しています。全国的にも稀有な例と言えます。広報を通じて市民とのコミュニケーションを図りたいという図書館員の熱い思いが、復刊を契機にスタッフを目覚めさせたのではないでしょうか。

実際、「図書館だより」を復刊した時に、図書館を支援してくれている何人もの市民から〝復刊を待ちわびていた〟という声をいただきました。

東京都や大阪府に隣接する都市圏では、地域紙・地方紙の世帯普及率は1割前後と極めて低いのですが、その他の県では、5大全国紙を合わせても、地域紙・地方紙を凌げない県が少なくありません。「徳島新聞」に至っては8割を占めています[8]。それだけ身近なコミュニティ情報を県民（読者）が求めている証だと思います。

私も長野県での単身赴任中は、必要欠くべからざる情報源として、「市民タイムス[9]」「信濃毎日新聞[10]」といった地域紙・地方紙は購読していました。

「芸能人の○○が結婚」「○○県で自然災害」といったマスコミの情報が人々の会話に必要とされるように、地域で起きた様々な市井人の出来事が必要とされるのが地方・地域なのです。

地域紙・地方紙を読んでいて感じるのは紙面の温かさです。地域の児童・生徒の成長を見守り、季節の大地からの恵みに感謝し、祭りを楽しみ、優れた活動をされた個人や団体を顕彰するなど、地域の住民がプレーヤーとして紙面を飾るのが地域紙・地方紙です。

こうした住民の日常を記録した地域紙・地方紙を地域資料として大切に保存し、時の熟成を待って、次世代へのたからものとして継承するところといえば、地方においては図書館しかありません。

しかし、どれだけ図書館の仕事を市民は理解しているでしょうか。私のラジオ番組に出演いただいたゲストの多くは異口同音に「一度でいいから図書館においでください」とのメッセージを残されます。ゲストの多くとは図書館員です。図書館員といっても、大学図書館、学校図書館、専門図書館と館種は様々ですが、特に地域密着なのが公共図書館です。

公共図書館を日頃利用するのは市民の２～３割です。一方、成人の読書量はどうかといえば、一例として、２０１３（平成25）年に文化庁が国語に関する世論調査の一環として読書に関する質問項目を立てていますが（全国の16歳以上の１，９５４人を対象）、１ヵ月に本を１冊も読まない成人が30代で45・５％、その前後の20代と40～50代で40～44％。全体では47・５％が「１ヵ月に１冊も本を読まない」との調査結果でした(11)。ということは成人の２人に１人が日常的に本を読んでいるわけで、その人たちが必ずしも図書館を利用しているわけではないということです。

本が好きだからといっても図書館を利用するとは限りません。本が大好きな私であっても、図書館に異動するまではほとんど図書館を利用しませんでした。基本的に本は買って読む派であったし、現在もその傾向はなんら変わりません。仕事柄、本は年間１００冊以上購入します。図書館も利用します。ただし、私が図書館で借りる本は新刊書店で入手困難な本が大半で、書店の店頭に並ぶ話題の本を借りることはまずありません（話題の本は基本的に読みません）。

でも、図書館に異動して、自館はもとより近隣の図書館のヘビーユーザーになりました。それは、図書館のいろんなサービスや各図書館の蔵書構成を知ったことによります。近くの市立図書館になければ、遠くの県立図書館へ。県立図書館になければ大学図書館へ。それでもなければ都内の専門図書館か、または他県の図書館から地元の図書館を通じて資料を借りてもらいます（相互貸借制度）。図書館に異動する前は、こういった使い方や使い分けをよく知らなかったのです。

私に限ったことではありません。図書館サービスは本当に知られていません。だから、先述したように、ラジオ番組のゲストはリスナーに呼びかけるのです。

「一度でいいから図書館に来てください」と。

図書館員と地域との関係

図書館員の専門性は、①利用者を知ること　②資料を知ること　③利用者と資料を結びつけること。斯界では常套句として言われてきました。しかし、私はこれでは潜在的利用者に届かないし、利用者は思うように増えないと思います。図書館サービスの対象は利用者ではなく市民ではないでしょうか。図書館員が知るべきは「市民」の意向であり、資料を知ろうと思えば、まず「地域」を知らなければなりません。もちろん、そういったことが素地になければ地域の実情に応じた選書はできないと思います。

本庁からも、教育委員会からも、図書館はどこかよくわからない世界と見られているような気がします。一方、図書館界でよく耳にするのは、「首長や議員は図書館を使わない。それどころか図書館に来ない」との言葉。互いに通じ合っていないと思います。図書館サービスが同僚である自治体職員にすら十分に伝わっていないとしたら、市民に至っては推して知るべしではないでしょうか。

やり尽くした結果が現状なのだ、というのならば仕方がありません。しかし、先述した広報紙を例にとっても、発行していないという図書館はあるようです。また日頃、図書館員がどれだけ足繁く地域に顔を出しているか、役所の他部署の人たちと交流しているか、と問えば、決して十分とは言えない回答を口にする図書館員は少なくありません。

役所を退職後に関わることになったコミュニティFMというものを、図書館はもっと有効に活用できないものでしょうか。イベントの周知、利用状況の公開、各種サービスの周知など、このメディアを使うことで、日頃のユーザーへのPRはもとより、これまでの方法ではできなかった潜在的な利用者の開拓に繋げられるように思うのです。

地元にFM局がなければ、近隣の図書館がネットワークを組み、インターネット配信により利用者を増やすことができるはず、というのが4年余の実践で感じたことです。

卑近な話ですが、私がパーソナリティとして「Dr.ルイス」を名乗り、ラジオで喋り始めて知ったこと。それは処女作『だから図書館めぐりはやめられない』（ほおずき書籍、2012年）を上梓した後の読者（市民）の感想と同じで、公職にあった時の私（ステレオタイプの公務員?）とは全くの別の私を本を通じて知ることで、それまでとは違った親近感を覚えたという声でした。なにより傾聴すべきは、本にせよラジオにせよ、図書館というものに興味を持つきっかけとなったということです。

特にラジオは葉書やメールで寄せられたリスナーの「声」を読むことで、リアルな図書館ではできないコミュニケーションを図ることも可能です。また、平素の業務では伝えられない図書館員のパーソナリティを声を介して伝えることで、図書館の世界に誘うことができるのではないでしょうか。

役所内でいろんな障害はあると思います。私自身、鹿嶋市役所の職員の頃、私的な立場でラジオ番組のパーソナリティ（当時はＤＪと言っていたかもしれません）をやってみないか、という打診がありました。しかし、私人として番組で喋ることの許可が役所内で得られなかった経験があります。しかし、これは全く業務に関係のない話です。公共サービスを広く知ってもらうのは公務に就く労働者の務め。現にコミュニティＦＭ局のマイクの前で図書館サービスを定期的に楽しく語っている図書館員は全国にいます。

私の番組のような自由な内容にしたければ、元図書館員を引っ張り出して、その人を前面に出して、図書館員がゲスト出演することでＰＲできます。

自治体の関与が大きなラジオ局、ＮＰＯにより運営されている局など、個々のラジオ局の事情により、私の提案がそのまま受け入れられるか否かは違ってくるかとは思いますが、図書館員が入っていける余地は十分にあると思います。

「本のひとときツーリズム」

コミュニティ・メディアに詳しい北郷裕美が「公共的なコミュニケーションはコミュニティ内に限定するだけでなく、対外的なネットワーク構築をも可能とする(12)」と論じているように、Dr.ルイスの番組が全国にリスナーを得て、岩本高幸さんが本著で書かれた「かじゃ委員会」が、ラジオ番組から生まれたように、番組の構成次第では地域というコミュニティを越えて、全く異質のコミュニティが生まれたことにも注目してほしいのです。

また、北澤梨絵子さんが書いている「Dr.ルイスの〝本〟のひととき」への出演がひとつの観光資源となったと指摘する「本のひとときツーリズム」という造語は、非常に面白い着眼であると思いました。確かに197回（2016年8月29日放送）の時点で、県外からのスタジオゲスト出演者は述べ53人。北は宮城県・福島県、南は長崎県・福岡県まで全国から鹿嶋に来られ、ゲストとしてラジオに出ていただいています。勿論、私が1日または2日、愛車で鹿嶋近辺や県内を案内する「サービス付き」。なかには福島県から4回もスタジオ出演している男性司書もいます（最多出演者）。スタジオ出演者の大半が鹿嶋市や神栖市に宿泊し、鹿嶋をはじめとする周辺にお金を落としてくれるのですから、ジモティとしてはありがたいことです。まさに北澤さんの言う「本のひとときツーリズム」と言っても過言ではありません。

出演者にはカウントできませんが、たまたま、スタジオ収録のできない土日に鹿嶋に遊びに来たためにラジオ出演の機会を逃した人も少なくありません。多分、年に10人ほどいると思います。こちらを出演者に加算したら、4年余で約100人が鹿嶋に来られたことになります。視察受け入れの少ない役所の部署以上に、稼いでいるツーリズムと言えなくもありません。

ラジオ局は広告があって成り立っているもの。私の番組も一ヵ月だけでしたが、塩尻市の甘味処の店主が、私との付き合いの延長で、番組へスポット広告を出してくれたことがありました。鹿嶋のラジオ局の番組に300キロも離れた小さなまちのお店が広告を出してくれる。これもまたコミュニティFMだからできることなのではないでしょうか。

拙著『図書館はまちのたからもの』(日外アソシエーツ、2016年)で紹介しましたが、鹿嶋の番組スタッフが塩尻まで出かけて公開収録をするということもありました。私が塩尻市役所の職員であったこともその背景にありますが、企画されたのは塩尻の市民の方です。ラジオ局が企画を受け入れて実現したものです。さらに、この収録の場には東京・大阪からリスナーが何人もやってきました。鹿嶋のラジオ局の一番組が、こうして全国のリスナーを繋ぎ、塩尻という地にお金を落とすことになったのです。これだけに終わりません。塩尻でワインや漆器を知り、その後、何度も塩尻を訪問することになった人もいます。

このように、コミュニティFMだからこそ、いろんな地域貢献ができる、というのが4年間の実践でわかりました。

そして何より、リスナーが集い、こうして一冊の本が生まれたということも、番組を始めた頃には考えもしなかったことです。

図書館関係者に限らず、地域のコミュニティの在り方に関心のある方、図書館をはじめ地方自治体に勤める職員の方々には特に、もっとコミュニティFMを有効に活用し、地域のメディアゆえにできる可能性を模索してほしいものです。

また、日本語を容易に理解できない在住外国人の方々の情報源として、多言語による放送も、地域の人口構成の特性から考えるべき自治体も少なくないのではないでしょうか。

さらに、「デジタルテレビも高機能化ばかりを追求していくと、ハイテクの罠にはまることとなり、高齢者から敬遠されることによって、自滅への道を歩み出すことになりかねない(13)」との指摘があります。

電子機器の操作方法が複雑化するなか、高齢者にとって、シンプルなはずだったテレビですら、リモコンのボタンの数に戸惑うと思われる現在、ラジオは極めてシンプルな機器であり、ラジオの持つ双方向性も一人暮らしの高齢者にとって身近なものとなるのではないでしょうか。

「地域放送の目的は、住民にとっての共通の記憶を育むことで地域に共同性を回復し、参加を促し、協働を可能にすること、また合意形成のための住民の自由なコミュニケーションを構築することである(14)」

コミュニティFMは、諸条件を満たせばリスナーが発信者になれるメディアです。しかもマスメディアでは扱わないローカルな話題を得意とします。お店の宣伝ならば店主の顔を想起するのも容易です。ローカルだからできること、ローカルだから意味のあることってたくさんあると思います。また、私の番組のように、仕事や趣味の世界で地域を越えたコミュニティを築くことも可能です。本著がコミュニティラジオへの関心を深め、さらに何かしらのアクションのきっかけづくりとなれば幸いです。

〈注および引用文献〉

(1) http://chosa.nifty.com/hobby/chosa_report_A20150807/1/（２０１６年９月４日確認）

(2) 相川修「超短波放送局（コミュニティＦＭ放送局）に関する法社会学研究―東日本大震災を契機に―」『白山法学』11号、２０１５年、75ページ.

(3) http://www.jcba.jp/（２０１６年９月４日確認）

(4) 金山智子編『コミュニティ・メディア　コミュニティＦＭが地域をつなぐ』慶應義塾大学出版会、２００７年、21ページ.

(5)「国際コミュニティ・ラジオ放送者協会」との邦訳もある。

(6) http://honyaku.yahoo.co.jp/url_header?both=T&ieid=en&oeid=ja&url=http%3A%2F%2Fwww.amarc.org%2F%3Fq%3Dnode%2F5（２０１６年９月４日確認）

(7) 前掲(4)１６１-１６２ページ.

(8) http://edgefirst.hateblo.jp/entry/2015/12/12/093559（２０１６年９月４日確認）

(9)「市民タイムス」は、長野県の中信地域（松本市、安曇野市、塩尻市、大町市、東筑摩郡、木曽郡、北安曇郡）を対象エリアに発行されている日刊紙。発行部数は地域新聞としては日本最大級の約7万部（自社公称）。

(10)「信濃毎日新聞」は長野県の地方新聞。朝刊と夕刊を発行しており、県内普及率は56パーセント（２０１５年上半期）。

(11) http://www.bunka.go.jp/tokei_hakusho_shuppan/tokeichosa/kokugo_yoronchosa/pdf/h25_chosa_kekka.pdf（２０１６年11月４日確認）

(12) 北郷裕美『コミュニティFMの可能性　公共性・地域・コミュニケーション』青弓社、2015年、66ページ.
(13) 西正『放送ビッグバン 新たなメディアの誕生』日本工業新聞社、1999年、217ページ.
(14) 松浦さと子、小山帥人編著『非営利放送とは何か 市民が創るメディア』ミネルヴァ書房、2008年、iページ.

コミュニティをつくり、繋ぐ「Dr.ルイスの〝本〟のひととき」

大林　正智
（田原市図書館）

♪　夜が来ます。心の閉館時間です。

図書館員は仕事とプライベートの境目がない、と言われることがあります。食事をしていても酒を飲んでも、音楽を聴いても映画を観ても、美術を鑑賞していたって、そして本を読んでいたりしたらもちろん、仕事をしているように見える、というのです。森羅万象を取り扱うという仕事の性質からなのでしょうか。そう言われれば身に覚えがない訳でもないです。

しかし、それでは身がもちません。どこかで切り替えなくては。それには心の閉館時間を持つことです。閉館時間中は図書館のことを忘れ、すっきりとリフレッシュするのです。こんなときにはラジオがいいですね。ちょうどお気に入りの番組の時間です。

タイトルコールの後、トム・ジョンストンのクールなカッティングギター。そしてこんなナレーションからその番組は始まります。

「あなたのお気に入りの本は何ですか?」

おっと、図書館のことを忘れるんでしたっけ?

内ポケットにいつも

「人生で大切なことはすべて……」とは言いませんが、ラジオから教わったものは多いし大きいです。「クライ・ベイビー」も「トライ・ア・リトル・テンダネス」も、そして、ふしぎなことに、というか当然というべきか、ＲＣサクセションの「トランジスタ・ラジオ」もラジオから流れてきたのです。

もちろん音楽だけではありません。将来に対する漠然とした不安も、誰にも打ち明けられない悩みも、ラジオを聴きながらやり過ごしたり、乗り越えたりしたのです。

ラジオにはどこか、解放区のような空気がありました。真面目でなくてもいい、他人や世間の常識にあわせなくてもいい、そう言われているようでした。そこには自由がありました。仲間がいる、と思えたのです。

それはラジオを聴いていたのが夜、とりわけ深夜だったからで、自分（たち）がメディアのターゲットだから、なんてことは思いつきもしませんでした。オーディエンス・セグメンテーションなどという言葉を知るのはずっと先のことになります。

まあしかし、それも大人になりきる前の一時期のこと、というわけでもなく、大人になればなったで、ラジオはそれとなくいつもそばにあって何かしらラジオについて考えたりするわけです。

マクルーハンは『メディア論[1]』でラジオについて「部族の太鼓」と書いています。ラジオに「古代の記憶を呼び覚ます機能」を見ているからですが、面白いじゃないですか、我らがDr.ルイスはかつてドラマーだったのです。ルイスは「図書館部族の記憶」を呼び覚ますよう太鼓を叩いているのでしょうか?

マクルーハンの論考は半世紀以上も前のものですが、現在においても、というかインターネットが地表を覆った現在だからこそ刺激的で示唆的です。

私が「〝本〟のひととき」を聴くのに利用するのはインターネット・ラジオです。ＰＣで聴くこともあれば、スマートフォンで聴くこともあります。「内ポケットにいつも　スマホ」です。

内ポケットに入るデバイスで入手できる情報が飛躍的に増大した現在でも、我々はラジオを通して「自由」を探し、「ここではないどこか」と繋がろうとしているのです。

ラジオの、その「繋がる」機能を駆使しているのが「Dr.ルイスの〝本〟のひととき」というわけです。

最初の一曲「君の友だち」

想像してみてください。もしもあなたが、あなたが好きなことをテーマにした番組を持ち、毎回1曲、好きな曲をかけることができることになったとします。その番組の第1回、あなたはどんな曲をかけるでしょうか?

Dr.ルイスの答えはこれです。

「君の友だち」(You've Got a Friend) キャロル・キング
言うまでもない、アメリカのシンガー・ソングライター、キャロル・キングの名曲です。

歌詞を見てみましょう。

あなたが落ち込んで、困ったとき
愛情のこもったケアが必要なとき
何もかもが上手くいかないとき
目を閉じて私を思い出してほしい
私はすぐにそこに行って
あなたのもっとも暗い夜でさえ明るくしてあげよう

これはルイスからのメッセージでしょう。ルイスは誰にどんなメッセージを届けるためにこの歌を選んだのでしょう。

この「私」を「図書館」と読み替えればその意図は一目瞭然です。困ったときには図書館へ（いや、これは別の本ですが……）。図書館へ行けばあなたを救うための何かがある。そういうことです。

または、これはストレートにルイスから図書館員、図書館人に向けた言葉なのでしょうか？　落ち込んだら私のところへ来なさい。いっしょに解決策を考えよう、と？　これはなかなか面と向かっては言いにくい言葉だから、歌に潜ませたメッセージなのかもしれません。

私の解釈はこのふたつを合わせたものです。すべての図書館員に「困ったことがあったら、図書館にいる私のところに来なさい」と思ってほしい、という願望の表れなのではないでしょうか。

この曲が発表されたのは1971年のアメリカです。その頃のアメリカはベトナム戦争の泥沼化、そして経済的な疲弊で、明るい時代とは言い難かったのではないでしょうか。この優しいバラードが受け入れられたのはそんな背景もあってのことなのかもしれません。

翻って現代は図書館にとってどんな時代なのでしょう。明るく、希望に満ちた時代と言えるでしょうか。もしかしたらルイスは、1971年のアメリカを、現代の日本の図書館界に見ているのではないでしょうか。

先が見えない昏迷の時代にあっても、いや苦境にあるときこそ、繋がり、支えあって進もう、という意思を感じられないでしょうか。

歌詞はこんなふうに続きます。

冬、春、夏、秋、いつだって
呼んでくれさえすれば
私はそこにいる
あなたには友だちがいるのだ

なんとも図書館員らしい歌、と感じるのは私だけではないでしょう。

なんて思っていたら『図書館はラビリンス　だから図書館めぐりはやめられないPart2』(2)で「図書館員の矜持、それは〝You've Got A Friend〟である」と書かれていましたね。

カーラジオからスローバラード

エフエムかしまは茨城県鹿嶋市のコミュニティ放送局です。コミュニティ＝地域のための番組を制作し放送しています。Dr. ルイスも「鹿嶋にこんな人がいて、こんなふうに活躍している」というところから「発見」されたようです。そこからレギュラー番組に発展していったらしいです。

コミュニティ放送は１９９２年に放送法施行規則の一部改正により法制化されました。そして、その存在があらためてクローズアップされるきっかけになったのが１９９５年の阪神・淡路大震災だと言えるでしょう。災害時に自治体からの災害関連情報などを提供する臨時災害放送局に、コミュニティ放送局の設備が使えることがその理由のひとつでした。災害などで地域が危機に瀕しているときに「役に立つ」情報を発信する。地域のメディアにとって最も重要な役割のひとつです。


２０１６年４月14日に端を発した熊本地震は震度7を2回観測するなど大規模な地震で、被害も甚大なものでした。そんな中で図書館は、地域のためにいかに「役に立つ」存在であろうとしたか。ひとつの例が菊陽町図書館で見られます。

菊陽町図書館の被害も大きく、数日の臨時休館を余儀なくされましたが、４月21日には利用を再開しています。そして同月24日には「熊本地震」に関する情報掲示板を作って、「災害ごみ」「給水場所」「仮設風呂」「臨時休校のお知らせ」などの情報を貼り出しています。「地域の役に立ちたい」という姿勢が表れた一例でした(3)。

また、東日本大震災で大きな被害を受けた福島県南相馬市の図書館では、避難生活から南相馬に戻ってきた利用者から次のような言葉をもらったといいます。

「街はすっかり変わってしまったが、図書館の明かりは変わらず灯っていた。思わず図書館に入り椅子に座ると本当にホッとした。図書館は癒やしの場所です(4)」

これもまた「地域の役に立った」例と言えます。

地域が危機に瀕したとき、実用に供する情報を発信し、疲れた人の心を癒やす。これが地域のメディアである図書館の仕事なのです。そう考えると、図書館とコミュニティ放送の役割は実に重なるところが多いです。

だとしたら、図書館はコミュニティ放送に学ぶことができるはずです。

ひとつはコミュニティ放送局の持つ取材力です。地域のメディアのサービス対象は（主に）地域の人たちです。地域の人たちが何を必要としているのか知るためには、局から外へ出て取材することが欠かせません。

コミュニティ放送の番組を聴き、番組表を見ると、番組が取材の成果であることがよく理解できます。街へ出て、人と会い、話を聞き、そこで起こっている出来事を知る。そうすることによって、地域の人が求めているものに近づいているのです。そしてそこから番組が出来上がります。

同じく取材によって地域を知るメディアと言えば地方紙です。こちらは図書館では馴染み深いものですが、コミュニティ放送の取材から番組制作への流れと対比してみるのも興味深いです。取材者の視点の違いやメディアの性質で、同じ取材対象から違う情報を引き出し、伝えています。そしてそれぞれが面白い。

さて、図書館は地域を取材しているでしょうか。地域の人を知り、情報を知り、課題を知り、それを届きやすい形に編集して地域に還元できているでしょうか。もしもしていない、できていないのであれば、コミュニティ放送に学び、取り入れていくことができるではないですか！

コミュニティ放送局の数は2016年8月現在で303局(5)。

すべての図書館にそれぞれのコミュニティ放送局、という訳にはいきませんが、かなりの数の図書館が聴取可能エリアに入っていることになります。もちろん番組を持っている図書館はあるし、レギュラーでないとしてもイベントの告知などで番組に出たことのある図書館員も少なくないでしょう。

秋田県の横手市立図書館は横手かまくらＦＭに「ようこそ図書館へ！」という番組を持っています。年間に27回の放送枠があり、市内の全6図書館、そして2つの公民館図書室が出演しています（平成28年度）。内容は図書館の各コーナーやイベントの紹介、また出演者（図書館員）個人にスポットを当てる回もあります。図書館で働くようになったきっかけや、お薦めの本、図書館での出来事などを自由に語ったりします。図書館員が地域の人に「顔の見える」存在として認識される機会は多いとは言えません（ラジオだから顔は見えないわけですが）。図書館員個人の「声」を届けることによって、市民に親しみをもってもらえたり、身近に感じてもらえたりする機会を作っているのは素晴らしいです。

また、この番組の面白いのは、横手市立図書館で活動する「おはなし会」の団体も出演するところです。図書館と市民がいっしょになって図書館サービスを作っていることが表れています。

こちらは放送で図書館のサービスや図書館員を紹介する例ですが、コミュニティ放送局と図書館の繋がり方はそれだけではありません。

南相馬市立図書館では「ミュージックレビュー〜音楽を楽しもう〜」というイベントを平成27年8月に行いました(6)。これは図書館にあるCDの中から、市民がお薦めのものを紹介しあう鑑賞会です。図書館がCDを選んで市民に聴いてもらう、というのではなく、市民が好きなものを選ぶ、というところが興味深いです。

図書館の機能のひとつに「人と人を繋ぐ」というものがありますが、ただ資料を収集し、提供するだけでは人と人が「繋がる」きっかけにはなりにくい。こういったイベントを通じて、その「繋がり」を演出しているのだと考えられます。

図書館の強みのひとつは、言うまでもなく「本があること」ですので、読書会やビブリオバトルなど本を使ったイベント、活動は馴染みやすいですが、図書館にあるのはもちろん本だけではありません。持っている資源は幅広く活用したいものです。CDやDVDを所蔵し提供している図書館も多くあります。こんな活用方法もあるのだと教えられます。

さてこのイベントにコミュニティ放送局がどう関わっているのか。南相馬ひばりFM（臨時災害放送局です）がアンプやスピーカーなどの機材を提供しているのです。図書館では持ちきらないハイエンドな機材で高音質の音楽を楽しみながら、市民の音楽にまつわる話を聞くことができる。楽しげなイベントです。

また、ひばりＦＭが主催する、シンガー・ソングライターの浜田真理子さんのトークイベントの公開収録を館内で行ってもいます。これは図書館が地域の中で人が集まりやすい場所であると認知されていること、イベントの潜在的ターゲット層と図書館利用者層が重なると判断されたからこその開催でしょう。図書館としては新しい利用者にアピールすることができます。利害が一致した事例です。

こういった協働事業が可能になるのも放送局と図書館の間で意思の疎通ができているからでしょう。南相馬市立図書館もやはりレギュラー番組を持っています。かのDr.ルイスも南相馬市に講演に行った際、ゲスト出演したことがあります。こちらの番組名も「図書館へ行こう」なのが面白いですね。

放送局はコンテンツを求めています。図書館がそれを提供することができれば、そこで、より幅広い市民に図書館の存在を知ってもらえる機会になるのです。これを逃す手はありません。

そのためには放送局と良好な関係を築くことが必要です。放送局のプレゼンスを高めるためにできることを探したいです。館内に番組表を置くのもいいし、パーソナリティに著書があればＰＯＰをつけて紹介してもいい。番組で紹介された本やＣＤなどを提供するコーナーを作ることができれば、なども考えてしまいます。

図書館のユーザーとコミュニティ放送局のリスナーは、重なり合う部分はあるだろうけれど、まったく同一であるとは考えられません。お互いのフィールドでそれぞれの存在をPRできれば、地域に貢献する、という双方に共通するミッションを推進することができます。協働することによって相乗効果を生むのです。

そのためには普段から「地域の役に立つ」図書館であるよう、努力を重ねなければならないことは言うまでもありません。図書館自体が役に立たないものであれば、相手がどれだけ素晴らしい仕事をしてくれても協働は成り立ちません。


ここまで見てきたのは、図書館がコミュニティ放送の聴取可能エリアに入っている場合でした。では、そうでない図書館、サービス圏内にコミュニティ放送局を持たない図書館には関係のない話でしょうか。

私はそうではないと考えます。地域との関わり方、取材の方法とそこからコンテンツを作り上げる流れなどは、他地域の放送局からも学ぶことができます。また、放送局と協働している図書館の例からは、他部署、他機関との連携の際に、どちらも得るものが大きくなるような事業の展開についての考えを深めるヒントをもらえるのではないでしょうか。

さらに、現在放送局がないということは、将来できる可能性がある、ということでもあります。市民（グループ）が「コミュニティ放送局を立ち上げたい」と思ったとき、まず図書館で関連した本を探す、と考えられないでしょうか。いや、そういう図書館でありたいではないですか。そのためには資料を含め、情報に気を配っておきたいところです。

「まちづくり」を進めたい、地域をよくしたい、と考える人には、図書館としてできるサポートは最大限提供したい。図書館は直接「まちづくり」をする機関ではないかもしれませんが、それをする人たち、機関をサポートすることによって、地域に貢献することができるからです。


公共図書館とコミュニティ放送局には大きな違いもあるので、そちらについても考えておきたいです。

基本的に、一市民の使う図書館はひとつ。最も近所にある図書館です。もちろん複数の図書館を目的と用途によって使い分け、その利用方法に通暁した市民もいることはいます。しかしそれはやはり少数派で、もっぱら近所の図書館を使うという人が大多数ではないでしょうか。また複数の図書館を利用すると言っても2館とか3館とかがせいぜいで、5館、10館と使い分けることは稀でしょう。

一方、音楽やニュースやトーク番組をコミュニティ放送でしか聴かない、という人はこちらも少数でしょう。他のラジオ、テレビにも多数のチャンネルがあるし、インターネットもあります。その情報の海の中で「発見してもらう」には他がやっていないことをやることです。コミュニティ放送では全国放送で提供しない（できない）情報を提供しなければなりません。地域のニュース、地域の人の話、動きなどです。逆に言えば全国で発信されているものについては、さほど必要ではない、とも考えられます。世界の天気や社会情勢や経済については他の報道機関などが伝えているからです。

図書館はそういう訳にはいきません。ウチは地域の情報専門なんで一般的なものは他をあたってください、とは言えません。世界情勢を知るための新聞や雑誌も重要だし、調べものには国語辞典や百科事典も必要だし、理科年表や日本統計年鑑も欲しい。東洋哲学も、確定申告も、相対性理論も、今日のメニューのためのレシピ本も、ローリング・ストーンズもゴッホもボルヘスも家庭の医学もペープサートも、何もかも欲しいのです。

そしてその上で、地域の情報を集め、提供し、保存するのです。

地域を世界に繋げ、世界を地域に引き込む。そんなことができる図書館であれば、と思いますがどうでしょうか。

その図書館のあるまちの市営グラウンドの駐車場にとめたクルマのカーラジオからは、優しいスローバラードが聴こえてくるに違いありません。

オープニング曲は

「Dr.ルイスの〝本〟のひととき」のオープニング曲は初代のビージーズ「ジャイブ・トーキン」、2代目のRCサクセション「雨上がりの夜空に」に続き、現在は3代目、ドゥービー・ブラザーズの「ロング・トレイン・ランニン」です（2016年9月時点）。

印象的なカッティングギターで始まるこの名曲、今や番組の顔と言っていいほど定着しています。この曲を聴くと「Dr.ルイス」を思い出す、というリスナーも多いのではないでしょうか。

この選曲はどういうものだったか、曲を聴きながら考えてみましょう。歌詞はこんな感じです。

曲がり角のところ、ここから半マイル
長い列車がやってきて、そして行ってしまう
愛されることもなく
君は今どこにいるのだ
愛されることもなく

さて「列車」が何を表しているか、それがわかれば話は早いです。シンプルに「図書館」の比喩なのでしょうか。走ってきて、曲がり角を曲がり、消えてゆく？　消えてもらっては困ります。ルイスがそんなに悲観的とも思えません。

「列車＝train」はロックやブルースの歌詞にしばしば登場します。エルビス・プレスリーやザ・バンドも歌った「ミステリー・トレイン」は「長くて黒い列車が俺の彼女を連れ去ってしまう」という内容だし、リトル・フィートの「トゥー・トレインズ」は「ひとつの線路にふたつの列車。ひとつは俺で、もうひとつは友だち。彼女がどちらかを選べばうまくいくのに」と歌います。どちらも性的な隠喩であることと、不幸をもたらすものとして描

かれているところが興味深いです。

ロックの世界観の中では列車は超自然的な存在、それまでなかったものを運んでくる不吉な存在としてとらえられているのかもしれません。

「ロング・トレイン・ランニン」に戻りましょう。やはり「列車」は「図書館」ではない。図書館を不吉な存在として描く理由はない。とすると、ここで「図書館」に対応するのは「君」なのではないでしょうか。愛されることもなく、どこにいるのかわからない「君」。

列車は「君」つまり図書館から大切なものを奪うか、または図書館自体を市民から奪うもの、として読むことができます。とするとこの列車とは何者なのでしょう？

「ずいぶん深読みしましたね」とDr.ルイスは苦笑しながら、この解釈を柔らかに否定するでしょう。いささか牽強付会であることは認めざるを得ません。ただ折に触れルイスが図書館界に提言をし、危機感を露わにしていることを考えると、これが単なるこじつけに過ぎないとは言い切れないのです。もしかしたらルイスの潜在意識下の危機感が、この名曲を選ばせたのでは、と勘繰ってしまうのです。

ところで「定着した」と書いておきながらですが、読者を、そしてリスナーを飽きさせないサービス精神の持ち主ルイスのことだから、いつまでも同じ曲をオープニングに使い続けるとは思えません。そろそろ次の曲を準備しているかもしれませんね。どんな曲が選ばれるのか、予想してみましょう。

歴代のオープニング曲のアーティストの出身国を見ていくと、イギリス、日本、アメリカ、となります。ここで別の国に飛ぶか？　オーストラリアやドイツや、日本以外のアジアの国にも素晴らしいアーティストはたくさんいます。しかし番組のこれまでの選曲を考えると、もう少しスタンダードなところを攻めてきそうな気がします。一周してイギリスに戻る、というのはどうでしょうか。

そして時代。「ジャイブ・トーキン」は１９７５年リリース、「雨上がりの夜空に」は１９８０年、「ロング・トレイン・ランニン」は１９７３年。やはり１９７０年代を中心に、少し幅を広げて考えておきたいところです。

１９７０年代イギリスと言えばローリング・ストーンズ、レッド・ツェッペリン、クイーンが思い浮かびます。どのアーティストも名曲が多いのですが、何というかもう少し「抑えた」あたりを狙ってみたいですね。T・レックスで「ゲット・イット・オン」か「20th センチュリー・ボーイ」はどうでしょう。イントロのインパクトもあるし、オープニングに向いているのではないでしょうか。

もしくはザ・フーという選択肢もあります。となると曲は「マイ・ジェネレーション」でしょうか。１９６５年リリースと少し想定年代から遡りますが名曲には違いない。または「ピンボールの魔術師」も忘れてはいけません。こちらは１９６９年の作品。ピート・タウンゼントのギブソンがいい音を出しています。

思いつくまま予想を並べてみました。次に選ばれる曲はルイスのどんなメッセージを届けてくれるでしょう。こんなふうにあれこれ考えるのも「〝本〟のひととき」の楽しみ方のひとつなのです。

ＲＯＣＫ司書ミーツDr.ルイス

ＲＯＣＫ司書がDr.ルイスに出会ったのは２０１３年9月13日のことです。ＲＯＣＫ司書はまだＲＯＣＫ司書でなく、Dr.ルイスはすでにDr.ルイスでした。

ＲＯＣＫ司書って何?という方が大半だと思われますので説明しておきましょう。

ＲＯＣＫ司書というのは愛知県の田原市図書館の公式フェイスブックで「ＲＯＣＫはもう卒業だ!」なるコラムを連載している、その語り手です。「公式」ではあまり見かけない、ちょっと奇妙な「ＲＯＣＫな文体」で図書館所蔵のＣＤや本を紹介する、そのコラムがスタートしたのが２０１５年７月なので、２０１３年には存在してなかったということです。

さて、そのＲＯＣＫ司書も司書の端くれではあるので、図書館関係の書籍に関してはアンテナを張っています。あるとき、そのアンテナに引っかかったのが『だから図書館めぐりはやめられない(7)』でした。表紙のインパクトが凄い。シトロエン２ＣＶ！　チョッパーバイクにツーバスのドラムセットにミル・マスカラス？　ホントに図書館の本？

読み進むうちに、本当に強烈なインパクトは表紙でなく中身にあることがわかりました。本についての本なのに、図書館についての本なのです。しかも読んで面白く、同時に学ぶことも多く書かれています。趣味や個人的体験すべてが図書館員としての血肉になっているのです。こんな図書館本、あっていいんだ！と思わされました。「これもアリ」なのか、と。

「これもアリ」というのは図書館にとって重要な概念ではないか、と密かに考えていました。図書館は常にオルタナティブ（選択肢）を用意すべきだと感じていたからです。そうでなければ利用者の要求に応えることはできないし、地域に貢献することはできません。そう思っていました。通り一遍でない、型に嵌っていない、自由な思考の象徴が「これもアリ」だったのです。

それを体現したような本に出会ったのだから嬉しくないわけがありません。その本の著者名は記憶に刻まれます。塩尻市立図書館を見学したのはその少し前でした。なんて楽しい、ずっと居たくなる図書館だろう。なんて深く考え尽くされた書架だろう、と思いました。あの図書館を作ったのが、この本の著者なのか。

そしてほどなく、もう一冊の本が出ます。『図書館はラビリンス　だから図書館めぐりはやめられない　Part2』です。これはもう決定的でした。Part1からさらに筆が冴え、縦横無尽に書きまくっています。楽しんで書いていることが伝わってきます。著者が楽しんで書いた本は読者も楽しく読める。そして紹介されている本のバラエティに富んで楽しいこと。自分も好きな本が多いのにも驚きました。中でも参ったのがリヴォン・ヘルムの『ザ・バンド　軌跡』を取り上げていたことでした。

ザ・バンドは、日本では一部で高く評価されたものの知名度はさほどでもない、というバンドだと言えるでしょう。そのザ・バンドのCDではなく、本を紹介するとは。図書館員としてザ・バンドを語ってもいいのです。単純に嬉しかった。自分の好きなことを通じて図書館に貢献できる、と感じたからです。そのとき意識はしなかったけれど、これがROCK司書の生まれた瞬間だった、と今では思えます。

そして2013年9月、Dr.ルイスが田原市図書館にやってきます。

田原市図書館では年に2、3回、図書館外から講師を招いて研修を行います。その講師として登場したのがルイスでした。研修担当者が外部の研修会でルイスに出会い、惚れ込んで「ウチの館の仲間にもぜひその話を聞かせてください」と依頼したのでした。

タイトルは「職員も市民も楽しくなる図書館づくり」でした。まず「眠い人は寝ちゃってください」と言ったのが印象に残っています。「ちょっと寝て、スッキリした方が頭に入ります」というのが他では聞いたことのない「つかみ」でした。講義はとにかく楽しかったです。いろいろなトピックを取り上げたけれど、やはり出版流通についての話が新しかったし視野を広げてくれました。「図書館は出版文化を守る砦」なのです。

そして懇親会。少し話をすることができました。著書のことと、クルマの燃費のこと、当然ザ・バンドの話をしたように記憶しています。また意外なことに私の児童サービスの恩師がルイスと懇意ということを知りました。「田原にこんなヘンなヤツがいるよ」と聞いてきたというのです。どこに縁があるかわからないものです。

このときのルイスの印象は、誰に対しても丁寧な敬語で優しく話すジェントルマン。いくら飲んでも酔っぱらったりしなさそうな感じ。これは今も変わりません。

宴会は楽しく終わり、翌日は出勤でした。土曜日の出勤時にはNHK－FMの「ウィークエンド　サンシャイン」を聴くことにしています。ピーター・バラカンの番組です。その日はジョニー・キャッシュの10周忌（9月12日）ということで特集を組んでいました。そこでかかったのが「ロング・ブラック・ヴェイル」でした。この曲はザ・バンドのカバー・バージョンも有名なもの。ザ・バンドの話をした翌朝に、この曲を聴くことになるのも何かの縁を感じたのでした。

その日の勤務が終わり、ルイスにフェイスブックでの友達申請をしました。「今朝の出勤時、ラジオでロング・ブラック・ヴェイルがかかりました」とのメッセージを添えて。返ってきたメッセージは「ピーター・バラカンの番組ですね。私も聴いていました」というもの。

この人、ラジオでどんな話をするのだろう。そう思いました。

やはり、ラジオは人と人を繋ぐものなのです。

ザ・バンド

「〝本〟のひととき」の「今週の一曲」では1970年代のロックを中心に、かなり幅広いジャンルから選曲されていますが、それでも多く取り上げられるアーティストはいます。ビートルズが6回、レッド・ツェッペリンが5回、中島みゆきが4回、といったところ（2016年9月現在）。

ザ・バンドは2回なので、回数は多いとは言えませんが、特徴的なのは2014年、2015年のそれぞれその年の最後の放送で曲がかけられていることです。ルイスの著書で取り上げられていることも合わせると、番組を理解するためには重要なバンドであると考えられます。曲と歌詞を見ていきましょう。

2014年12月22日の放送でかかったのは「アイ・シャル・ビー・リリースト」でした。この曲はボブ・ディランによって書かれたもので、彼がオートバイの事故で休養していた1967年にザ・バンドとの地下室のセッションから生まれたものです。彼らの友情によって誕生した曲、人の繋がりが磨いた曲、と言えます。また、ザ・バンドの解散コンサートである「ラスト・ワルツ」で、ボブ・ディランを含む出演者全員によるフィナーレを飾った曲なので、年の終わりに似つかわしい雰囲気を纏っています（実際にコンサートが行われたのは11月25日でしたが）。

難解な歌詞の多いボブ・ディラン。曲のコーラスはこんな感じ。

西から東へと、私の光が輝くのが見える
いつの日でも、今にでも
私は解き放たれるだろう

何から解き放たれるのかはよくわからないが、いずれにせよ苦労の末の解放ではあります。救済を求める人に「図書館がありますよ」と伝えようとしているように聞こえます。それとも図書館自体が苦労の末に解放されるということでしょうか？

そして２０１５年12月28日には「ザ・ウェイト」が放送されます。この日の「図書館員・図書館人」はなんと「田原市図書館ＲＯＣＫ司書」です。たびたび話題に出たので、ザ・バンドの曲、ということでしょう。

「ザ・ウェイト」はザ・バンドの曲の中でも最もよく知られたもののひとつ。１９６９年のアメリカ映画「イージー・ライダー」（デニス・ホッパー監督）でも使われています。いろいろなアーティストにカバーされた名曲です。内容は、ナザレという町にたどり着いた男が、いろいろな人物と出会い、言葉を交わす、というもの。エピソードのひとつはこんなものです。


鞄を持って、隠れる場所を探しにいった。

カルメンと悪魔が並んで歩いていたので声をかけた。

「カルメン、いっしょに街に行かないか？」

「私はもう行かなくちゃ。でもこっちの人はつきあえるってよ」


意味はわからないけれど、何だか人生の機微にふれたような歌詞ではないですか。

この曲のリード・ボーカルはドラムのリヴォン・ヘルム。一部をベースのリック・ダンコが歌い、コーラスはピアノのリチャード・マニュエル。ギターがロビー・ロバートソンでオルガンを弾くのはガース・ハドソン。ザ・バンドはこの５人組です。

素晴らしいバンドというのは、メンバー一人一人がそのバンドにいることで最も自分の力を発揮することができ、他ならぬそのメンバーが集まることによってバンドの仕事が最も輝く、というものだと考えます。ザ・バンドはまさにそういったバンドです。誰一人欠けてもザ・バンドにはなり得ないし、メンバー一人一人はザ・バンドにいてこそ個性が輝く。

一人一人の技量やセンスが重要なことは言うまでもありません。ただそれはプロのミュージシャンならば当たり前のこと。それを持ち、磨き続けるのは前提として、その上でさらに、素晴らしいバンドであることは難しい。奇跡のようなものです。

これは図書館にも言えることではないでしょうか。図書館の仕事はチームワーク。図書館員それぞれが個性を持ち、その組み合わせで素晴らしいサービスができます。そんな意味で、ザ・バンドは図書館らしいバンドだと言えると思うのです。

曲はこんなコーラスで続いていきます。

荷をおろせよ、ファニー。

自由になりな。

荷をおろせよ、ファニー。
その荷を俺に背負わせろ。

市民の持つ重い荷を背負う力を持ち、「代わりに背負いますよ」と言うことのできる、そんな図書館員でありたい、と思います。そんな気持ちを汲んでルイスはこの曲をかけてくれたのではないか、と深読みをしてしまうのです。

ちなみに、ここでひとつROCK司書出演時の裏話をしておきましょう。もちろん音楽については何の打ち合わせもありません。収録が始まる前に、電話を通してルイスと御茶ちゃんのやりとりが聞こえてきました。

「ルイス、CDこれでいいの？」

「うん、5曲目ね」

これだけでこの日の曲が「ザ・ウェイト」であることがわかってしまったのです。この「ちょっとマニアック」な世界。少しだけ自慢です。

「〝本〟のひととき」の図書館性

そんなわけでROCK司書は「〝本〟のひととき」にたどり着きました。聴き始めると、これがなかなか（？）面白い。ふーん、初めて聞く名前の町だけど何だか楽しそうだな。このイベントは他では聞いたことがないぞ。この図書館は居心地がよさそうだ。この人の図書館愛は熱いな。最初はそんな個々の感想の連続でした。ところが聴く回を重ねるうちに、番組とその周囲を取り巻く全体像が見えるような気がしてくるのです。しかしその正体は簡単には見極められない。それでこんな文章を書いている、というわけです。

ひとつ言えるのは、この番組が人と人とを繋いでいることです。「かじゃ委員会」は言うまでもなくその繋がりが目に見えるカタチになった最大の成果ですが、他にもそんな繋がりがたくさんあります。どこかで出演者に会えば「聴きましたよ」と言い、また「出てましたね」と言われる。そんな一言から繋がりが生まれます。

毎週図書館員・図書館人をゲストに迎え、話を聞くのは、この「繋がり」を意識してのことなのでは、と推測します。ではなぜルイスは、そして番組は「繋がり」を重視するのか。それは「繋がり」がコミュニティを生み、育てるからです。

図書館にとって重要なコミュニティは「地域」です。図書館は地域の人のため、地域づくりのために存在すると言っても過言ではないでしょう。しかしコミュニティというのは地域だけではなく、共同体をも意味します。例えば「図書館員のコミュニティ」などというものも存在します。ここでは「ルイスのラジオ出演者」というコミュニティが出来ています。そしてそこでのコミュニティの生成の仕方、そしてその成果物を、それぞれのメンバーが所属する別のコミュニティに還元する、という流れも出来ています。番組から生まれたコミュニティが他のコミュニティに派生していく。これこそが番組の生んだ大きな産物のように見えるのです。その具体的な様子を知るためには、本書の執筆者たちの活動を見ていただければいいと思います。いかに生き生きと図書館員たちが活動していることか。もちろん元々優秀な、積極的な図書館員、図書館人の活動ではあり、番組の影響だけとは言えません。ただこれに「ルイスのラジオ」コミュニティが与えた影響は大きかったのではないかと思えてならないのです。コミュニティが個人の背中を押しているのです。

この流れを可能にしているのは何なのか。それはルイスの中にある「図書館員は面白い」という信念にあるのではないでしょうか。

『だから図書館めぐりはやめられない』の巻頭に「図書館は、「人」で決まる！」という文章が載っています。ルイスの盟友、というか兄貴分というか、元ふじみ野市立図書館館長の秋本敏氏によるものですが、これはルイスの思いを言葉にしたものだそうです。たしかにルイスからは繰り返し「図書館は人」という言葉を聞いています。よい図書館員がよい図書館を作り、よい地域を作る。よい地域にはよい図書館があり、そこにはよい図書館員がいる。そういうことです。

図書館に来てほしい、図書館の面白さを知ってほしい、と願うならば図書館員の面白さを入り口にしてはどうでしょう。図書館はただ本がたくさんあるだけの場所ではありません。生きた人間、しかも面白い人間がいて、あなたのために、地域の人のために、本を選んで集めて提供し保存しているところなのです。そんなメッセージを届けるところから始めてはどうだろうか。番組の底にはそういった思いがしっかりとこめられています。

ではその「図書館員の面白さ」とはどういうものでしょう。ここで確認しておきたいのは「面白い図書館員がいる」ということではなく「図書館員は面白い」ということの重要さです。

番組出演の基準は「ルイスに会ったことがある」こと。「面白い人だから出演を依頼する」

「面白くない人だから依頼しない」ということではありません。すべての図書館員が面白い。そういう信念があるのではないでしょうか。

番組を実際に聴いていると、流暢な喋りでリスナーを惹きつけるゲストもいれば、朴訥で、ともすれば聞きづらい口調でありながらも、味わいのある話で楽しませるゲストもいます。どちらも、それぞれ面白い。その面白さを引き出すのが、ルイスのゲストに対する愛情であり、御茶ちゃんの技量です。

この構図はどこかで見覚えがないでしょうか。そう、もちろん図書館の現場です。愛情を持って資料を扱い、読者に届ける技術を磨き工夫を重ねる。つまり「〝本〟のひととき」は優れて図書館的な番組だということです。別の様態に物事を移してみると、あらためてその物事を客観的に見られることがあります。図書館員はラジオを聞くことで自分の仕事を別の角度から検証することができるのです。だからどのゲストの話も面白く、一曲一曲の意味を考えてしまったりするのですね。

もう一点、番組が図書館的な存在になってきたところがあります。２０１６年10月で放送が5年目に入り、放送回数が２００回を突破したことです。回数が重要、ということではなく、サービスの継続性という意味で、です。

図書館サービスの要諦は、その継続性にあると考えています。継続していくことによってしか得られないものは確実に存在します。その継続によって蓄積した力を「〃本〃のひととき」が発揮していると、これは一人のリスナーとして感じているのです。

この番組の図書館性の強化のため、更なる継続のために、この拙い文章が少しでも貢献できることを祈っています。

♪

夜が来ました。心の閉館時間です。

本を閉じてラジオをつけましょう。

あの番組が始まります。

お気に入りのロック・グラスにバーボンを注いで。

トム・ジョンストンのクールなカッティングギター。

「あなたのお気に入りの本は何ですか？」

そうだな、今のぼくのお気に入りは……。

〈注〉

(1)マーシャル・マクルーハン『メディア論―人間の拡張の諸相』みすず書房、1987年.

(2)内野安彦『図書館はラビリンス　だから図書館めぐりはやめられない　Part2』樹村房、2012年.

(3)菊陽町図書館ブログ　http://kikuyo-lib.hatenablog.com/entry/2016/04/24/105230

(4)SUUMOジャーナル　2015年3月9日　http://suumo.jp/journal/2015/03/09/79439/

(5)日本コミュニティ放送協会HP　http://www.jcba.jp/community/index.html

(6)南相馬市立図書館HP　http://www.city.minamisoma.lg.jp/index.cfm/23,25336,123,html

(7)内野安彦『だから図書館めぐりはやめられない』ほおずき書籍、2012年.

「声」の神秘性
～「教室」としてのラジオ、「教材」としてのラジオ～

石川　敬史
（十文字学園女子大学）

1．ラジオの世界～声と活字と～

「声」を発信し続けるラジオ

低い「声」、楽しい「声」、淡々と説明する「声」、笑い「声」……、ラジオから発せられる神秘的な「声」は、活字による記録として確実に保存することはできず、パーソナリティーの身振りや表情を想像しながら、私たちの身体の中に「記憶」として「記録」されています。

ラジオ体操、そろばん、大学受験ラジオ講座（通称「ラ講」）、NHK英会話入門など、これらの番組は、かつて私が視聴していた番組の一部ですが、振り返ると、これらの神秘的な「声」は、正確に時を刻む日常生活の「時間メディア(1)」でした。日常生活の中に神秘的な「声」が浸透することは、ラジオが生活リズムと時間軸を形成していました。さらにこれらの番組を振り返ると、ただ単に送り手の「声」が一方的に発信され続けるのではなく、「声」に耳を傾ける私たち受け手の行動が同時的に一致していることに、ふと気がつきます。体操や計算、大学入試問題、英語の学習など……、数多くの受け手が同じ時間を共有していたのです。

もちろん、ラジオ放送を収録したカセットテープやCDも販売されていますが、神秘的な「声」を発するラジオは、消費する「声」をはるかに超えた世界であることを痛感します。

一人ひとりに語りかけるラジオ

NHKラジオ第一放送の番組のうち「ラジオ深夜便」は、大人が聴ける静かな番組として200万人を超えるリスナーが存在することはよく知られています(2)。私が大学図書館に勤務していた頃、60歳代の職員が事務室で「ラジオ深夜便」の放送内容を静かに語っていた記憶があります。他方、FMラジオ放送局のNACK5(本社：埼玉県さいたま市)では、若者やトラック運転手を中心に、バカボン鬼塚氏がパーソナリティーを務める数々の番組に人気があります。一人ひとりの投稿メッセージに寄り添いながら、楽しく語りかける話術に時間を忘れます。

こうした受け手の一人ひとりへ語りかける独特の「声」から、ラジオは一見すると孤独なメディアであると捉えられがちです。受け手が「声」を聴く「場」を想像しても、深夜の一人部屋、一人で運転する自動車……、など孤独な空間と考えがちではないでしょうか。しかし、送り手が一人ひとりに語りかける「声」を、受け手が共感し、笑い、悲しみ、怒り、認め合う……、すなわち、受け手が温もりのある普段着の仲間として、さらには他人事ではない当事者同士の仲間として、自ずと一体感ある意識が形成されていくことに気がつきます。

「声」から想像するラジオ

NHKラジオ第一放送にて月曜日から金曜日の朝8時5分から生放送されている「すっぴん」という番組があります。毎週金曜日は高橋源一郎氏がパーソナリティーを務め、その中に「源ちゃんのゲンダイ国語」というコーナーがあります。「心にとまった〝言葉〟を読み解き、思わぬ魅力や、書いた本人さえ気づいていない〝秘められた意味〟を浮き彫りにします！[(3)]」という趣旨のコーナーで、ユニークな図書を中心に毎回1冊ずつ紹介しています。いわば、記録された活字を熱い「声」で紹介し、時には「声」で本文の一部を引用して紹介しつつ、その背景を極めて主観的に分析しています。

私たちは通常、図書館や書店（もしくはインターネット書店）で図書を手に取り、装丁や表紙、著者名、目次やあらすじなどを何気なく確認しますが、ここではパーソナリティーの図書への熱い想いとともに、活字に隠されたコトバの意味を主観的に読み解く「声」から、実物の図書を想像するという不思議な経験をします。「声」に導かれて実際に図書を手にすると、想定外の表紙、装丁、挿絵に驚かされると同時に、図書に描かれたコトバの世界に引き込まれていきます。

極めて個人的な経験から、神秘的な「声」が発せられるラジオの世界の一端を読んでみました。本来、図書館が守備範囲とする記録された資料とは異なり、活字でもモノでもない神秘的な「声」をどのように読むことができるでしょうか。神秘的な「声」を発するラジオというメディアが、学生、そして図書館や地域をどのように育む可能性があり、送り手と受け手の「声」により、何を生み出すのでしょうか。大学教育や地域の図書館を念頭に置きながら、極めて個人的な経験を通して、メディアのひとつであるラジオ、さらにはコミュニティＦＭの可能性を綴ります。

2.「教室」としてのラジオ

「Dr.ルイスの〝本〟のひととき」には、２０１４年5月26日と、同年9月22日の2回にもわたり出演する機会をいただきました。前者の機会では、大学の研究室において学生１名とともに収録しました。後者では、学生５名とともに茨城県鹿嶋市のエフエムかしまのスタジオへうかがい、対面で収録しました。振り返ると、前者は「個」として静けさと緊張感に包まれ、後者は「集団」で収録スタジオをジャックし、途切れることのない楽しい会話に包まれた賑やかな場となりました。そこでまず、学生とともに神秘的な「声」を発信した経験を通して、ラジオの可能性を考えていきます。

「声」の可能性へ～ラジオの再発見～

近年、多くの大学では、正課の授業のみならず授業外の学習において、教育方法や内容など教育の質的改革に積極的に取り組んでいます。例えば、十文字学園女子大学では自主参加型ゼミとして、学生主体による映像制作実践が行われています[(4)]。図書館司書課程もこの活動の取材対象として、学生によるインタビューが映像としてWｅｂに公開されています[(5)]。この他にも、取材による広報誌や新聞記事の執筆、七夕イベントなど学内イベントの企画・主催、埼玉県新座市近隣の地域活動の支援・発表など、学生の主体的な学びの場が広がっています。

通常の正課授業であっても、これまでの一方通行型の講義とは異なり、アクティブ・ラーニング型の授業をはじめ、初年次教育としての入門ゼミナール、フィールドワークなど、学生のアウトカムズを踏まえた、実に多彩な教育プログラムが構築されています。

十文字学園女子大学の図書館司書課程においても、図書館現場を生きた教材として位置づけ、「図書館づくり」を大きな目標に次の４つの方向性を踏まえた教育プログラムを構築しています[(6)]。

①【カンジル】図書館見学会、外部講師による現場を考える場づくり
②【イキル】女性図書館員の生涯にわたるキャリア形成の発見
③【ツクル】ＰＯＰづくり等の特集コーナーの企画、他機関への出張展示

④【ツカウ】産学連携による図書館システムの活用と考察(7)

今回、ラジオ出演にお声がけいただいたことを契機に数名の学生を誘ったところ、多くの学生は出演に前向きでした。短い時間ではありますが、収録前、発言する内容の確認などを準備しました。しかし、こうした準備も必要ないほど、実際の収録時に多くの学生は日常と変わらない自然体で「声」を重ねていました。

ラジオへの出演を学生の視点で考えるならば、中学校や高校時代からの職場体験、さらには多彩な大学教育プログラムを経験している学生にとって、ラジオ出演はこれまで経験した学外活動や自主活動の延長線として、普段着の「場」として認識していたと考えます。

私たちが日々接するテレビや携帯端末によって発信される映像・動画は、無意識のうちに日常生活に浸透し、いわば消費するメディアとして流通しています。これに対してラジオは、日常的にあまり接点のない非日常のメディアとして若い学生たちに認識されているのではないでしょうか。「声」のみを発するラジオは、表情、行動、服装などを公にしない内密性を有しています。

だからこそ、学生らは収録の準備などを通して、「声」のみを発するラジオを着飾ることなく等身大の普段着のメディアとして再発見し、私のような一人の教員に対して、「イケメン」、「貴公子」という自由で神秘的な「声」が収録時に発せられたのではないでしょうか。

ラジオ出演の「場」を通して、自らが神秘的な「声」を発するという身体的な「ラジオの再発見」に繋がったといえます。

「声」によるエンパワーメントへ～ラジオの再評価～

ラジオに出演した学生らは、これまでの学生生活や自分自身のこと、本学のライブラリーサポーターの活動を丁寧に振り返りながら、自らの意志で「声」を発信しました。この経験は、これからのライブラリーサポーターの活動の後押しとなり、ラジオ出演の「記憶」は後輩に受け継がれています。

一方で私自身は、ラジオ収録の「場」において、事前に準備した内容の半分も「声」に出すことができず、私の意図が正確に受け手のみなさんに伝わるかどうか不安でした。顔の表情や身体的なジェスチャーによる表現ではなく、「声」で表現する難しさを痛感しました。もちろん、スピーカーから発せられる自分自身の「声」が、日常的に認識している自分の「声」とは異なる神秘性と違和感も念頭にあり、放送日まで落ち着かない気持ちでした。むしろ、スラスラと自分の「声」で発する学生たちを羨ましく思い、学生らに助けられた「場」となりました。

ラジオの収録後（実際の放送の前に）、ラジオ出演への依頼文書を事前に大学広報部へ提出した関係から、広報部が全ての教職員・学生を対象に「教員・学生のメディア出演」としてメールや大学のＷｅｂページに発信しました。これには、嬉しい気持ちと恥ずかしい気持ちとが交錯しました。

しかし、広報が学内に流れると、数多くの教員、職員、学生から声をかけていただきました。特に、「ラジオ」というメディアに出演するということについて尋ねられました。生放送なのか、ＦＭ放送を聴く方法とは、どのような内容か、なぜ出演するのか……多くの質問が放送前に届きました。また、「放送時間前にスタンバイして必ず聴きます！」、「聴きながら、どのように録音すれば良いのですか？」という「声」も寄せられ、テレビや新聞、雑誌とは異なり、時を刻む「ラジオ」というメディアが醸し出す神秘性を改めて痛感することとなりました。

収録後の送り手による省察と自己評価……、そして受け手による「声」への期待と想像。

ラジオが刻む時間と収録の「場」をはるかに超えた、点から面へ送り手と受け手の対話が広がる経験を通して、「ラジオの再評価」を体感しました。まさにラジオには周囲をエンパワーメントする力が内包されています。

このように2回の出演の機会は、ラジオというメディアと人間との関係性を固定的に捉えることなく、メディアを批判的に捉えて新たな関わり方を生み出す「メディア遊び(8)」を実践的に考える「場」となりました。頭の中で考えるのではなく、身体的にラジオを再発見し再評価する「教室」でした。

3.「教材」としてのラジオ

こうした個人的に経験した「教室」の中から、大学における図書館教育、さらには図書館活動や図書館広報におけるラジオの位置と意義、可能性をさらに考えていきます。

リテラシーを視る

学校図書館では総合的学習の時間において探究型学習が、大学図書館では初年次教育やアカデミックスキル関連の正課科目において情報リテラシー教育が取り組まれています。学校における学びを通して、どのような生徒・学生を育てたいのか、という「ありたい姿」に基づき、体系的に組織的に教育プログラムが構築されています。

他方、公共図書館において情報リテラシー支援（教育）はどのように考えられ、具体的に取り組まれているのでしょうか。

「情報リテラシー」という用語に含まれる「リテラシー」とは、文字の読み書きの能力（識字力）と一般的に考えられています。確かにリテラシーの獲得は、私たちの日常生活に欠かせません。しかし、リテラシーとは、読み書きを習得し、目の前の暮らしに役立つ機能的リテラシーの獲得のみが目的ではなく、リテラシーによって社会の一員として参画し、物事を考え生活課題を発見するという批判的リテラシー(9)の獲得に大きな目的があります。

私たちの周囲には、膨大な情報と数多くの情報端末、映像装置が存在しています。消費されすぐに消え去る情報、当たり前のように身の回りに存在し、何事も考えることなく接する情報端末や映像装置が日常に氾濫しています。大学などの教育機関でも、空間デザインの一部と化した情報端末が設置され、さらに便利な機能を追い求め、電子黒板などの最新鋭の情報機器やWｅｂサービスの導入に目を光らせているのではないでしょうか。仮に最新鋭の情報機器やWｅｂサービスが導入されたとしても、その支援内容は具体的な操作方法に終始してはいないでしょうか。

しかし、本来、教育機関においては、現在の情報社会に適応するための支援よりも、膨大な情報を主体的に活かし、情報機器を操ることにより生み出される世界観の拡大や、自立して情報を解読することに本来の役割があるといえます。ここに、社会教育機関である公共図書館における情報「リテラシー」をどのように考え、どのように実践していくのか、というヒントが隠されていると考えます。そして、最先端の情報機器を使いこなすことが良いことだという価値観を押しつけてくる技術主義、産業主義的な情報社会の中で、正確に時を刻み、神秘的な「声」が発せられるラジオは、歴史性、文化性、地域性を包み込み、私たちを謙虚な気持ちに振り返らせてくれるメディアといえます。

メディア・リテラシーとは、「メディアが伝達する情報を、それぞれの社会的文脈において批判的（critical）に分析および評価するとともに、それらを主体的に使いこなす力[10]」です。メディア・リテラシーや情報リテラシーは、まさに「リテラシー」の拡張として理解されるべきでしょう[11]。とりわけコミュニティFMの存在から、「メディアの生態系[12]」を射程に、技術・産業主義に迎合しない、情報機器に使われない、そして単なるHow to型の支援方法を超えて、「リテラシー」の視角から大学教育のあるべき内容や教授法の改善、さらには公共図書館がなすべきことが視えます。

地域メディアへの変換へ

コミュニティFMは、聴取率などの数量的な物差しでは計ることはできない地域ネットワークの形成や市民の主体性、足元の生活と深い関わりがあり、ミニコミ誌、回覧板、町内会の会報、PTA会報などとともに地域メディアの一つといえます。しかし、私たちが何気なく日常的に触れるテレビ放送は、大都市・東京の視点により編集された情報が一方的に配信されています。その結果、私たちが足元の生活で必要とする情報との乖離や、伝統文化などの多様性の排除、人工的な時流が形成されます。そしてこのことは、地域に根ざした情報を発信する小さなコミュニティFMの存在意義をさらに大きくします。

とりわけ阪神淡路大震災（1995年）を契機とした「市民メディア」という言葉に代表されるように、従来のマスメディアとは異なり、市民が自発的にラジオ番組や映像制作・配信を企画し、表現し、制作した協働的なメディア発信に注目が集まります。地域の新たなコミュニケーションの活性化を目的に、地域メディアを活かしメディア・リテラシーの視角からの実践的メディア研究[13]も存在しています。

「Dr.ルイスの〝本〟のひととき」においても、全国各地の一人ひとりの現場の図書館員が「小文字」で自由に「声」を発する送り手となり、同時に受け手となります。「市民メディア」にみられる受け手であると同時に送り手であることは、パブリック・アクセスの哲学と軸を一つにします。パブリック・アクセスとは、市民が販売の対象や消費者、受け手ではなく、市民の立場から自主的に放送番組を企画し制作し、言論や表現の公共圏にアクセスする行為や制度を指します[14]。

かつて、科学技術コミュニケーション論の世界において「モード論[15]」を提出したマイケル・ギボンズ氏は、特定のコミュニティの内的論理が支配する文脈の中で進められる知的活動を「モード1」とし、実社会の問題に対して多様な立場から解決する知識生産活動を「モード2」と指摘しました。「モード2」の哲学が内在しているコミュニティFMの存在や市民メディアの実践は、地域に位置する大学として地域メディアをどのように育むのか、公共図書館として地域情報をどのように収集し提供するのか、という問いに刺激を与えてくれます。
未来の市民を育む大学教育の「場」、さらには市民の伴走者(16)である公共図書館において、コミュニティFMの存在は、主体性を確立し、人間性を回復する「教室」であり、「教材」であるといえます。コミュニティFMへの参加を通して、自身が地域メディアへと変換されます。

「いったい進歩というのは何であろうか、発展というのは何であろうか……（中略）……失われるものがすべて不要であり、時代おくれのものであったのだろうか。進歩に対する迷信が退歩しつつあるものをも進歩と誤解し、時にはそれが人間だけでなく生きとし生けるものを絶滅にさえ向かわしめつつあるのではないかと思うことがある(17)」

進歩について、民俗学者の宮本常一氏が指摘した言葉です。
神秘的な「声」を発するラジオは、目先の安易な方法に対して立ち止まって考えるきっかけを静かに与えてくれます。そして、忘れかけていたメディアと人間との関係性に気づかせてくれます。

〈注〉

(1)竹山昭子『ラジオの時代：ラジオは茶の間の主役だった』世界思想社、２００２年.

(2)宇田川清江『眠れぬ夜のラジオ深夜便』新潮社、２００４年（新潮新書）.

(3)日本放送協会「源ちゃんのゲンダイ国語」http://www.nhk.or.jp/suppin/kokugo.html

(4)加藤亮介「メディア・リテラシー教育実践における映像制作・発信の効果」『社会情報論叢』17号、２０１４年、１３１－１４６ページ.

(5)十文字学園女子大学「Media Work Shop」http://www.jumonji-u.ac.jp/mc/

(6)石川敬史、東聖子「十文字学園女子大学短期大学部司書課程の歩み：女性図書館員のキャリア形成をふまえて」『十文字学園女子大学短期大学部研究紀要』45号、２０１４年、１１９－１４２ページ.

(7)石川敬史、木原正雄、渡辺哲成「図書館司書課程における産学連携の教育実践：「図書館システムづくり」概念の構築と「移動」する図書館としてのブックトラックの創造へ」『十文字学園女子大学紀要』46号、２０１５年、１６１－１７２ページ.

(8)水越伸、東京大学情報学環メルプロジェクト編『メディアリテラシー・ワークショップ：情報社会を学ぶ・遊ぶ・表現する』東京大学出版会、２００９年.

(9)パウロ・フレイレ著、三砂ちづる訳『新訳被抑圧者の教育学』亜紀書房、２０１１年.

(10)木村涼子「メディアリテラシー」『社会教育・生涯学習辞典』朝倉書店、２０１２年、５７８

－579ページ.
(11)坂本旬『メディア情報教育学：異文化対話のリテラシー』法政大学出版局、2014年.
(12)水越伸『メディア・ビオトープ：メディアの生態系をデザインする』紀伊國屋書店、2005年.
(13)鳥海希世子「「あいうえお画文」ワークショップ：地域における協働的物語りの創出をめぐる実践的メディア研究」『社会情報学研究』14巻2号、2010年、155－169ページ.
(14)津田正夫、平塚千尋編『新版パブリック・アクセスを学ぶ人のために』世界思想社、2006年.
(15)マイケル・ギボンズ編著、小林信一監訳『現代社会と知の創造：モード論とは何か』丸善、1997年（丸善ライブラリー）.
(16)末本誠「伴走・伴走者」『社会教育・生涯学習辞典』朝倉書店、2012年、503ページ.
(17)宮本常一『民俗学の旅』講談社、1993年、234ページ（講談社学術文庫）.

本のひとときツーリズム

北澤　梨絵子
（塩尻市立図書館）

２００７年４月２日、午前８時。私は緊張を抱えながら、塩尻市役所の会議室にいました。塩尻市の新規採用職員として辞令をもらうためです。嘱託職員として塩尻市立図書館で働き始めて５年目の年、塩尻市職員採用試験を受け、縁が重なり採用となりました。

塩尻市では司書としての採用はありませんので、配属先がわかったときには、思わず「やったー！」と声を上げ、しばらくニヤニヤがとまらなかったくらい図書館で働きつづけられることが嬉しかったことを、今でもよく覚えています。そのくらい、５年間で経験した本と人を結ぶ図書館の仕事にやりがいを感じていました。

しかし、会議室ではそんな嬉しさを思い出す余裕もなく、辞令をもらうことと、もうひとつの、心に決めたミッションを成し遂げるべく、会場内を伺っていました。

お会いしたことはありませんでしたが、一目見て、あの人がそうだ、とすぐにわかりました。辞令交付式が始まる前に、同期入庁する職員から少し離れ、これから上司となるはずの人に話しかけました。

「内野館長でしょうか？」

「はい」

「4月より、新規採用職員として塩尻市立図書館で働くことになりました北澤と申します。これからよろしくお願いいたします」

「こちらこそ、よろしくお願いします」

一言、二言のこのような会話を交わした後、力強く握手を交わしましたが、最初にすると決めていた新しい上司へのあいさつは、本当にあいさつのみで、これ以上会話は続かなかったと記憶しています。

そのときの第一印象は、無口で少し恐そうな人。

このときは、冗談も言わないようなこの強面の上司が、後にラジオのパーソナリティになるとは指の先ほども思いませんでした。そして、言うまでもなく、自分が3度もその番組にゲスト出演させていただくことになるとは、針の先ほども思っていませんでした。

新館建設の話が上がっている図書館に、塩尻市以外から、しかも司書資格を持っている館長がやってくるという話を聞いたのはいつのことだったでしょうか。その当時の塩尻市立図書館は、複合施設の2階、3階にあり、面積は約1000平方メートル。蔵書のおよそ半分が書庫内にあふれるように置かれ、児童コーナーはもともと会議室と廊下だったところを借りて作られた間に合わせの空間。誰が見ても限界を感じる施設でした。20名を超える公募市民の皆さんが、30回以上にわたる検討会、学習会を重ね、2004年3月に、市へと提出された「市立図書館の在り方ワーキンググループ提言書」（塩尻市公式ホームページ内[1]）の「館長の在り方」という項目にはこのようにあります。

館長の仕事は、一人ひとりの職員が、ワーク的活動を可能にするチームをつくることであり、そのチーム的発想により、マネージメントを創造していく図書館づくりのリーダーです。そして一人ひとりの職員が、図書館人として自分の力量を力一杯発揮できる雰囲気をつくっていくことであり、ひいては図書館職員としての社会的地位の向上を図っていくことです。

それ故に、館長は読書が好きであると共に司書資格のある幅広い知識や経験を持つ人であることが望まれます。然るに塩尻市の実状は、司書資格のない人が殆どで、一般の行政職の異動の一貫として決まってきています。

これからの図書館を運営する館長は、図書館運営に情熱を持って意欲的に取りくむ人であるとともに、自分なりの識見や抱負を持って、ことに当たる館長が望ましいです。

上記のような人に図書館長になっていただくために、先進図書館で実施しているように、公募によって図書館長を選任していくことも一つの方法です。また、館長としての社会的地位を高めていくとともに、その任期も、長期にわたってやる（例えば、5年以上）ようにしていくことが必要です。

公募ではありませんが、この市民からの提言を受けて塩尻市では初めて、2007年4月より有資格者の館長が就任することになったのです。今でこそ、よくぞ皆さんが望む条件にこんなにもぴったり合う人が見つかり、なおかつ縁もない塩尻市へ来て図書館と職員を育ててくださったと感謝の気持ちでいっぱいになりますが、この初対面の際には、うまくやっていけるだろうか……と多少の不安がよぎったことは今でこそ言える事実です。

一緒に働く中ですぐに、第一印象は当てにならないということがわかりました。新しい上司は、冗談も言うし、よく笑う、多趣味でマニアックな、そして何より人の声を聞き、対話を大事にし、人との縁を大事にする人でした。

今思うと、そんなところにも、ラジオパーソナリティとしての適性があったということなのかもしれません。

内野元館長は、２０１２年の３月に塩尻市役所を退職され、故郷の鹿嶋市へ戻られました。そして、その年の10月１日から、全国初の本と図書館と音楽を語るラジオ番組「Dr.ルイスの〝本〟のひととき」がスタートしたのです。コミュニティＦＭとはいえ、元上司が、「Dr.ルイス」という名でラジオの冠番組を持たれると聞いたら、もっと驚いてもよさそうですが、初めてその話を聞いたときは、驚き以上に〝おもしろいことを始めるなー〟という期待感が強かったように思います。このときから、内野元館長は、Dr.ルイスとなったのです。

私が初めて番組に出演したのは、放送が始まった翌年の３月18日の回でした。ルイスと息ぴったりに同番組のパーソナリティを務められている御茶さんが、ルイスには内緒でと、元部下の私にゲスト出演の話をくださったのです。電話出演だったためか、事前の打ち合わせが少し行われただけですぐに本番が始まりました。生放送でないとはいえ、生まれて初めてのラジオ出演に〝緊張するな〟というほうが無理な話。打ち合わせにない会話にもなり、汗びっしょりで電話を切ったことを覚えています。この回を皮切りに、ゲスト出演のコーナーが現在まで続いているのは嬉しいことですが、このときは頭が真っ白で、会話の内容はうろ覚え、恥ずかしすぎて放送をじっとしながら聴くことはできませんでした。

同年6月、同僚4名と鹿嶋市へ遊びに行った際にみんなでスタジオ出演を果たし、最近では、2015年11月にも、同僚と出演させていただきました。

2度のスタジオ出演でわかったことがいくつかあります。ひとつは、スタジオ出演でも打ち合わせは短いのだということ。もうひとつは、話し相手の顔が見えるためかスタジオのほうが緊張しないということ。そして、ラジオ番組制作の過程や、現場ならではの空気、カッチリとした原稿のないその場の流れを大事にするライブ感を味わえ、さらに、声でしか知らない御茶さんに直接お会いできるという特権がある、ということです。

出演の前後には、近くの図書館を見学し、鹿島神宮や霞ケ浦、茨城県立カシマサッカースタジアムなどを訪れ、海の幸などを堪能。最後に地元ならではのものを手に入れて、鹿嶋市とその周辺を存分に楽しみました。そこには電話出演だけではわからなかった魅力がありました。

Dr. ルイス（Yasuhiko Uchino）のホームページ内の「ラジオ[2]」に掲載されているゲスト出演者一覧で確認できるだけでも、２０１３年3月から２０１６年6月の間に最低13回、スタジオ出演者を迎えた回が放送されています。そのうちの10回が茨城県外からのゲストとなっており、番組への出演がひとつの鹿嶋市来訪の目的となっているのではないかと推察されます。そして、私たちのように、宿泊や観光、近隣図書館への来館などを一緒に楽しんでいることも想像に難くありません。

最近耳にするようになってきた言葉に、「ツーリズム」というものがあります。『物語を旅するひとびと　コンテンツ・ツーリズムとは何か』（増淵敏之著、彩流社、２０１０）には、「かつての物見遊山的な観光をサイトシーイングとして過去のものとし、ツーリズムを体験型観光として位置づける動きが強まってきている」とあります。例えば、観るスポーツと参加するスポーツを併せて観光資源として生かす取り組み、「スポーツツーリズム[3]」や、マンガ、ドラマ、テレビ、アニメーションをはじめとする映像等のコンテンツを媒体として、作品の舞台を巡る観光、「コンテンツツーリズム[4]」など、生かす資源によって言葉を加え、内容を絞り込んだものも一般的になりつつあると感じます。まだそんな言葉はないにしても、図書館に関わる人は図書館見学を目的に観光に出かける、「図書館ツーリズム」を日常的に行っています。そんな図書館関係者を中心に、図書館を語ることができる、おそらく唯一のラジオ番組「Dr.ルイスの〝本〟のひととき」への出演がひとつの観光資源となった、「本のひとときツーリズム」ともいうべきものが生まれたとも言えるのではないでしょうか。

さらに、この番組から図書館職員や図書館に関心の高い人の横のつながりが生まれているのも珍しい現象だと思います。番組のテーマが絞られていて類を見ないことやパーソナリティが異色であるからこそ、コアなファンを獲得し、さらに、その場にいない人同士でも時間を共有できるというラジオの特長から、放送から4年が経つ間にファン同士の繋がりが生まれていった、そんな現象が起こったのだと思います。インターネットの普及で現地に行かないとローカルラジオが聴けないという時代ではなくなったことも大きいと感じます。

もうひとつ、ラジオゲスト出演者一覧でわかるのが、塩尻市の出演者が多いということです。8回、延べで16人が出演しています。さらに、そのうち3回、延べ9人がスタジオ出演しているのです。手紙やメールでの出演も含むともっと多くなります。それから、塩尻市は「Dr.ルイスの〝本〟のひととき」が茨城県以外で録音された唯一の場所でもあります。しかも、江戸の雰囲気を色濃く残す宿場町、奈良井宿の中に建つ囲炉裏のある食事処で、30人限定の公開録音。もちろん、出演したゲストは塩尻市民です。

そこでは、普段会うことのない職種や住んでいる地域もバラバラなリスナーが集い、誰よりも早く放送を聴き、一緒に珈琲を飲み、語らうという、非常に貴重な体験を共有することができました。

番組がファン同士の縁を繋いでくれたひとつの例だと思います。

こうなってくると、図書館職員として感じるのは、これらの放送自体が塩尻市立図書館にとって、アーカイブしていきたい郷土資料のひとつになるのではないかということです。放送を通じて、皆さんが塩尻市立図書館を応援していることを、それぞれの言葉で伝えてくださっていて、どの放送をとってみても励まされ、姿勢を正され、もっとがんばらねばという力をもらう、自然と感謝が生まれるものでした。何度でも聴きたい大事な思いが、1回1回につまっています。

しかしながら、塩尻市や塩尻市民が登場するラジオ番組やテレビ番組を個人が楽しむために録音・録画することはできても、図書館で資料として保存目的に録音・録画し、さらに、利用者に提供する環境をつくるためには、クリアしなければならないハードルが多々あります。

例えば、どういう形で誰に許諾を取るのか、料金が発生するとしたら資料費として認められるのか、どこに重きを置いて記録媒体を選択するのか、メディアに塩尻市や塩尻市民が登場する事前情報をどうやって得るのか、すべてがクリアできて利用者へ提供できたとして複製や弁償の問題はどう考えるのか、閲覧・視聴希望者へ機材を用意できるのかなど、少し考えただけでもハードルの高さを感じます。

現在、文化的な資産になるということで、国立国会図書館でテレビ・ラジオ番組を録画・録音して保存する「放送アーカイブ」構想が議論され、各方面から様々な意見が出されています。地方の図書館でも、市内で撮影・録音された番組や市民が出演している番組の将来的な価値を考えて、保存対策、デジタルアーカイブ化について、考えを持っておくことが必要かもしれません。

「Dr.ルイスの〝本〟のひととき」を通じて感じたことを思い出と合わせて書いてきましたが、最後に、こちらを伝えて筆を置きたいと思います。

『コミュニティ・メディア　コミュニティFMが地域をつなぐ』（金山智子編著、慶應義塾大学出版会、２００７）に、Ｂ・ギラードによる著書『パッション・フォー・ラジオ』からとして、こんな言葉が紹介されています。

コミュニティ・ラジオは人々に役に立つために作られたラジオである。表現と参加を奨励し、地域文化を評価する。声なき人々や端に追いやられたグループに対して、また商業ラジオを惹き付けるには余りにも小さな田舎のコミュニティに対して声を与えることなのである。

まさにこれを体現され、図書館という一般的とは言いにくい、自分には縁遠いと思う市民も多いだろうテーマにスポットを当て、番組を4年余にわたり放送しているエフエムかしまさんへ、改めて心からの敬意と感謝の気持ちをお伝えします。

これからも、図書館と本が必ず登場しその可能性と魅力を伝え続ける、図書館人がパーソナリティを務める唯一無二のラジオ番組が、場所や地域を飛び越えて、全国の人と本、人と図書館、そして人と人を結び続けるものであってほしいと願っています。

番組から流れてくる、塩尻市立図書館を応援してくださる市民の皆さんの声と、全国各地で図書館に関わる皆さんの力強い言葉に励まされながら、でも「Dr.ルイスの〝本〟のひととき」に負けないように、人と本、人と図書館、人と人の縁をつなぎ、明日を生きる力がじんわり湧いてくる、そんな図書館づくりができたらと思いながら、今日もラジオを聴いています。

〈注〉

(1) http://www.city.shiojiri.lg.jp/tanoshimu/shiminsankaku/teigenshokohyo/toshokanteigensho.files/ttdd01.pdf
(2) https://uchinoyasuhiko.wordpress.com/radio/
(3) 〝スポーツツーリズム［カタカナ語］〟、情報・知識 imidas 2016、JapanKnowledge、http://japanknowledge.com./
(4) 〝コンテンツツーリズム［レジャー／旅行］〟、情報・知識 imidas 2016、JapanKnowledge、http://japanknowledge.com./

「ソウルラジオ」と「ソウルライブラリー」がコミュニティを創る

岩永 知子
（相模原市立図書館）

ラジオの力

ラジオとは、多分子供から大人までとても身近なものではないだろうか。

そもそも、日本でラジオ放送が始まったのは1925年、大正14年のことである。今もっとも身近だと思われているインターネットが普及し始めたのは「インターネット元年」と言われる1995年、テレビは日本での地上波テレビ放送の開始が1953年である。どちらもとても大きな情報ツールではあるが、ラジオに比べたら戦後のメディア。一方のラジオは、戦前から情報ツールとしての役目を果たしてきているメディアである。終戦を告げる報せもラジオから流れてきたのだから、どれだけラジオが必需品だったかは想像するに難くない。

では、いったいラジオにはどんな力があるのだろうか。

「明日の天気は晴れのち曇り、時々雨でしょう」

「今日の株価の終値は……」

といった電波に乗って流れてくるニュースや音楽を、果たしてリスナーはただ聴いているだけなのだろうか。

ここに興味深い数字がある。

一般社団法人日本民間放送連盟のホームページにある民放ラジオ開局一覧を見てみると、100以上のラジオ局が加盟している。

さらに、コミュニティFMの局数はどうかを確認するため、日本コミュニティ放送協会のホームページを見てみると、関東だけでも42局が協会に加盟しているのだ。そして、全国でいえば、2016年7月現在で302局になったと書かれている。

これらを見て単純に考えても、日本には400以上のラジオ局が存在しているのである。ただ決められた情報だけを一方的に流しているだけならば、これほどのラジオ局が日本各地で開局されるだろうか。

これらの放送局があるということは、その地域の情報を乗せて発信することにより、何かしらの付加価値をラジオが生み出していると思えてくる。

ラジオが生み出している付加価値……それは「コミュニティの醸成」ではないだろうか。ラジオがその地域と繋がり、双方向の関係を生みだして放送をし続ける。聴いている人たちは、ラジオから流れてくる情報を得ることで、コミュニティの一員であることを実感できるのではないだろうか。

大げさな話だと思われるかもしれない。しかし私自身、ラジオを通じてコミュニティの一員になっているという感覚を何度も味わっているのである。

繋がるラジオ

ラジオは電波で情報を届ける。しかもその範囲は限られている。しかし、この範囲が限られていることでコミュニティがつくられているようにも思う。

私は、帰省をする際、電車ではなく車を使う。S市からG市まで約４００㎞。プライベート空間が確保された車内は、好きな音楽やラジオを流し放題である。

さて、G市までの道中だが、４つの県を走行することになる。出発はK県。海老名JCT

で東名高速に入り新東名の案内が見え始めるとS県入り。浜松サービスエリアを過ぎればすぐにA県。一宮JCTから東海北陸自動車道に入り、川島ハイウェイオアシスの観覧車が見え始めるとG県に入る。

これだけの長距離を走行すると、ラジオのチャンネルは頻繁に変わる。たとえ同じ放送局でも、地域によってチャンネルは変わる。クリアに聞こえていた番組に段々と雑音が混じってくる。

これはまさに耳で感じる距離感。

自分が確実にその土地から離れていると実感するのである。

そして、いよいよ聴き難くなると、カーステレオに表示されているもう一つのチャンネルを選択する。すると、再び同番組がクリアに聞こえる。

それでも、やはりそのチャンネルも再び雑音が入り始める。いよいよ、その放送局自体が受信できなくなってくるのだ。完全に放送局の圏外。

そうなると、別の放送局を選択することになる。

車が浜松を過ぎたあたりで、「ZIP-FM」や「FM-愛知」といったA県が拠点のラジオ局がカーステレオのディスプレイに現れる。

私はこの文字を見ると、「帰ってきた」という感覚になる。

特に「ZIP－FM」は、開局当時からよく聞いていた。

道中に聞いていたラジオとは全く違う。

「ソウルフード」という言葉を借りて「ソウルラジオ」とでもいうべきだろう。聴こえて来た瞬間、どこか安心感が生まれるのである。

一方、自宅に戻る時。

故郷で聞きなれたラジオは次第に雑音が入りこんでくる。チャンネルを切り替えるも、それでも浜松が限界。ラジオが聴こえなくなった時、故郷の域を出たのだと実感する。

しかし、J－WAVEなど関東のラジオを受信し始めると、私が今いるべき場所に戻ってきたのだと思うのだ。

この感覚は何かといえば、地域と自分の繋がりをラジオが取り持ってくれている感覚なのかもしれない。

ラジオが創りだしているコミュニティは、基本的にラジオが聴こえる範囲に限られてしまう。電波の範囲をコミュニティの範囲として、その範囲に必要な情報をラジオは提供している。だから、そのラジオを聞いている人たちは、次第にそのラジオ局がソウルラジオとなって日常生活にしみ込んでいく。

そうすることで、同じラジオを聴く人たちのコミュニティがゆっくりと醸成されていくのである。

ある番組の力

ラジオにはラジオが届く範囲があり、その範囲のコミュニティを醸成すると思っていたが、実はインターネットが普及した今、その常識が少し覆ってきている。それは、ラジオは今、インターネットを経由して聴くことができるようになったということである。

こうなると、前述のソウルラジオという概念が少しばかり変わってくる。

ラジオの電波の範囲ではなく、その番組を聴ける人や聴いている人のコミュニティを醸成することになる。

つまり、ラジオによるコミュニティの範囲が広がるのである。

毎週月曜日、インターネットを使って視聴しているラジオ番組がある。それは、ローカルラジオの1つ「エフエムかしま」という放送局で放送されている「Dr.ルイスの〝本〟

のひととき」である。

この番組は、鹿嶋というごく限られた範囲を放送エリアとして情報を届けるローカルラジオの1つの番組である。しかし、発信している内容は、番組を入り口として図書館の世界を知るきっかけを提供している。ほかの地域でも地元の図書館のイベント情報や所蔵している本の紹介をしている番組はあるかもしれない。だが、地元の図書館以外を知ることができる番組は聞いたことがなかった。

さらに、この放送局はインターネットでも聴けるため、放送エリア外の私でもこの番組を聴くことができる。

ラジオを聴くことができる、それはすなわち、私でもそのコミュニティの一員になれるということだ。

私は、この番組が縁となって鹿嶋を訪ねたこともある。なぜなら、図書館をネタにした番組のパーソナリティであるDr.ルイスと、この番組が放送されている鹿嶋へ行ってみたい、という興味が湧いたからである。

訪ねてみてわかった。ルイスはすごかった。地元のラジオ局でパーソナリティをされているだけあり、鹿嶋の魅力を余すことなく案内してくださった。

このラジオを聴いて鹿嶋に直接足を運んだ人は、きっと私だけではないと思う。こうした繋がりがラジオを通じていくつも生まれ、コミュニティが醸成される。

インターネットを通じてラジオを聴くのも、これからの新しいラジオの形なのかもしれない。

さいごに

私は図書館員である。そして、図書館は地域の拠点だと考えている。

では、地域の拠点とは何か。

そんなことを考えるとき、図書館とラジオはとても近く感じることがある。

電波の届く範囲が限られるラジオと、主に市域をサービス範囲とする図書館。どちらも基本的にサービス範囲が限られている。

様々な情報を提供するラジオと同じように、図書はもちろん、新聞や雑誌、インターネット情報まで幅広い情報へのアクセス方法を用意する図書館。つまり、ラジオも図書館も情報を提供するという点。

あらゆる情報を提供しながら、地域のコミュニティ醸成に寄与しているラジオと図書館。このように共通項は多い。

地域性という点では、私はドライブが好きなので近場・長距離問わず気ままに出かけることがある。そのついでといってはは失礼になるかもしれないが、とりあえず入ったことのない他市の図書館に入ってみると、面白いことに多くの図書館がそれぞれ地域の色を出しているように感じられる。

つまり、地域に即した情報提供を行っているからであり、それらが作用して館全体に地域色がにじみ出ているのである。これは入ったらすぐに感じることができる。

そして、さらに奥に進み、その図書館の地域資料を眺めていると、より一層、館がもつ地域色とその心意気を感じることがある。

ラジオの力は「コミュニティの醸成」と考えるが、図書館も近いものがある。

国内にラジオ局は400以上あり、公共図書館は3200館以上ある。やはり、それぞれが個性を発揮し、各地域のコミュニティを支えているのだろう。

そして、地域のラジオが「ソウルラジオ」になるように、きっとその地域の図書館は「ソウルライブラリー」となって、コミュニティの醸成の一翼を担うようになってきていると私は感じている。

お互い、コミュニティの醸成を図ることができるラジオと図書館、コラボできたら面白いかも……などと実際に番組を持っている図書館の事例を見ながら、機会があればと思う、この頃である。

妖しと魅惑の〝かじゃワールド〟にようこそ！

岩本　高幸
（桜井市立図書館）

〝かしまジャック実行推進委員会〟～略称〝かじゃ委員会〟。

それは、Dr.ルイスとエフエムかしまによって繋がった紳士淑女が集まる妖しと魅惑のオフタイム♪

ラジオ番組「Dr.ルイスの〝本〟のひととき」に度々登場し、全国のリスナーにもなんか怪しそう！　でもなんか楽しそう？　な図書館関係者の集まりと認識されつつある〝かじゃ委員会〟。さあ、その全貌をこれからご紹介しましょう！

かじゃ委員会とは？

かじゃ委員会の概要は、次のとおりです。

（1）発足日：2014年10月27日（文字・活字文化の日）

（2）目的：Dr.ルイスによって繋がったライブラリアンおよび関係者が、館種・職種・立場を越えて、リアルにマジメに楽しく遊び学ぶ～

（3）運営体制：委員長、事務局長、実行隊長、広報、総務課報、顧問、メーリングリストマネージャー、ウェブマスター、各地域担当[1]

（4）キャッチフレーズ：2015年〝フライングストロベリー〟、2016年〝いけいけいってまえ～〟

（5）テーマ曲：SKY HIGH／jigsaw

（6）ロゴ：

（7）冠：Dr.ルイス公認

（8）倶楽部活動：下部組織としていろいろな倶楽部あり[2]

（9）入会条件は3つ！：①「Dr.ルイスの〝本〟のひととき～今週の図書館・図書館人訪

問」の出演者&関係者にして美人orナイスガイ！（自称？・大歓迎）②三度の飯より〝ノリ〟が好き！　③委員たちをうならせる〝オモロイ自己紹介〟

これらの条件を満たし、厳しい内部審査!?をクリアしたあなたは、〝妖しと魅惑のかじゃワールド〟の一員です！

かじゃ委員会発足に至る経緯と2015かしまジャックの実現

2014年9月に兵庫県1番手で番組に出演したM実行隊長が、放送で「スタジオにぜひ！　遊びに行かせてくださ～い」と叫び、Dr.ルイスと御茶さんに「お待ちしています」と公共の電波で言わしめた一言がすべての始まりでした。

翌10月、折しも「Dr.ルイスの〝本〟のひととき」が関西月間に突入した頃のこと、研修講師として大阪入りしたDr.ルイスを5人の関西のライブラリアンが迎えました。

Dr.ルイスを囲んで関西名物お好み焼きを食しつつ、話題はM実行隊長の番組内での発言に。「公共の電波で言ったんやから行かなあかんで！」というI委員長のあおり発言を皮切りに、根っからノリのいい委員たちが「ラジオにみんなで出たい!!　出よう!!」とついつい熱く盛り上がり、「よっしゃ、来年『かしまジャック』や〜、押しかけるで〜」という委員長の号令のもと、ルイスの公認を取り付け、ここに〝かじゃ委員会〟が発足しました。

調子に乗ったF広報担当が、出演後に番組に寄せたお礼状で「かしまジャック、楽しみ〜」と口をすべらせてしまったため、秘かに進められていたこの計画が図らずも全国に広く知れわたることになりました。

それから、いろいろな方々のご協力をいただき〝2015かしまジャック〟は、ついに8月10日にFMかしまでのスタジオ収録が実現。かじゃ委員会選抜メンバー8名が出演し、「Dr.ルイスの〝本〟のひととき」初の1時間の特番として8月17日に放送されました。

こうして無事!?に〝かしまジャック〟を遂行したメンバーですが、これ以降もラジオという媒体をきっかけにリアルな場でお互いの顔や人柄や考え方もわかっていく中で、より信頼関係を構築した個性的なライブラリアンとその関係者たちが、遊び心満載に自由な活動を存続しています。

かじゃ委員会の仲間たち

〝かじゃ〟は、公共・大学・専門・私設図書館から業界ベンダーまで、館種はもちろん地域も立場も年齢も多様で多士済々なメンバーです。

あるときは相談事、あるときはその時の話題の業界ネタ……、投げられた内容によって、それぞれ専門や人脈や得意分野が違う強みをいかしたメンバーからの適切なアドバイスが、メーリングリスト上や個々のメールで飛び交います。

そんなオン・オフを楽しんでいる個性溢れるメンバーの横顔を紹介します。

001◆T・I／委員長

関西からの最初のラジオ出演者で、ルイス公認！関西ルイスファンの元締め。そのおもろいしゃべりとひらめきから繰り出されるネタはいつの間にか有言実行、半端ないお庭の広さを駆使して密約の取り付けや内部調査を実行するやり手のナイスガイ。委員を適材適所に置き、各々の能力を十分引き出す手腕は抜群で、各メンバーから絶大な信頼あり！

普段は公共図書館長。

002◆N・F／事務局長

事務局の設置場所である〝かじゃの秘密基地〟ビズライブラリーに常駐、好き勝手な動き?をする面々を巧みにハンドリングする超辣腕！気配り美人の事務局長。大阪府から2人目のラジオ出演者。筋トレ・ダンス・英会話から着付けまでなんでもこいの多種多芸！ＫＬＬ（関西ライブラリアンリンク）事務局。普段は会員制私設図書館ビズライブラリーの主宰者。

003◆K・M／実行隊長

各種企画における仕切り役として、ルイスとのホットライン?を駆使する実行隊長。兵庫県からの最初のラジオ出演者。オン・オフを問わずその実行力としゃべりの上手さは折り紙つきのしっかり美人。特技はどんなＴＰＯでも全く緊張せずに実力を発揮すること！キャッチは〝私、緊張しないので！〟。英語多読のためのマイクロライブラリー主催。普段は大学図書館勤務。

004◆T・I／広報担当

関西で只今人気絶賛売出中？の若手ライブラリアンでPR担当のスポークスマン。リングネームは〝フレッシュ〟。得意技は天性のバネと妄想力？を活かした必殺の〝天然ドロップキック！〟。そのフライングストロベリースタイル？で2015かしまジャックスタジオ収録を席巻！　ヘルスサイエンス情報専門員で書道有段者の楽しく明るい美人。普段は大学図書館勤務。

005◆I・K／総務兼諜報担当

総務全般をこなす知的美人とは表の顔で、密かに情報収集を行う諜報部員でかじゃの作戦参謀。特技はその存在と気配を消し去って周囲に溶け込むこと。全国各地のイベントに頻繁に出没！　アルコールの強さはかじゃ随一！　公共の電波で〝おおきに～〟を披露し世界に向かって関西弁を発信。日本図書館協会認定司書。アーカイブ事務取扱担当。普段は公共図書館勤務。

006◆S・K／メーリングリストマネージャー兼けいはんな地域担当

京都府からの最初のラジオ出演者。関西では知る人ぞ知るキーパーソンの一人として、所属母体は小さくともキラリと光る京都風美人。近畿の中心〝けいはんな〟でかじゃメーリングリストとデータ共有を管理する。抜群の行動力で国内全都道府県図書館踏破&世界各国!?の図書館探訪を実践中！　普段は公共図書館勤務で、現在大学に主任研究員として出向中。

007◆A・T／神奈川湘南地域担当

湘南発祥の地・大磯を拠点にする図書館NPO法人の代表理事にして、番組放送1周年での神奈川県からの最初のラジオ出演者。鹿嶋への図書館見学バスツアーも実施した大磯ロングビーチの行動派美人。内に秘めたるノリの良さ！個性溢れる面々?の意見をそっとまとめるお姉さま的存在。リングネームは〝アッコちゃん〟。普段は公共図書館勤務と主宰NPO活動を両立。

008◆T・F／大阪泉州地域担当

大阪での講演会質問コーナーで〝好きです！〟といきなりルイスに告白!?したことをきっかけにラジオ出演（その時の経緯は『図書館はまちのたからもの』に詳しい記述あり）。物腰やわらかな見かけによらず、その後に自館講演会へのルイス招聘を見事実現した日々突っ走る!?熱いハートの泉州美人。普段は公共図書館勤務。

009◆J・T／東海地域統括

愛知県からの最初のラジオ出演者。才色兼備で姉御肌の名古屋美人で、かじゃ東海進出の橋頭堡《きょうとうほ》。周囲にふりまく愛らしい笑顔、厳しさと優しさでともに働く部下のクルーたちに慕われ信頼される素敵なリーダー。〝kiki.s,microlibrary〟主催。リングネームは〝ロージィ〟。キャッチは〝種まく名人〟。普段は受託大学2キャンパスの図書館統括責任者。

010◆K・H／特命担当

ルイス関西初講演の仕掛人にして、ルイスと委員長の出会いの仲介者。全国の大学図書館に張り巡らされた人脈と諜報網、出張先では食とバー探索にいそしみ、歴史談義とアルコールを愛する文武両道のナイスガイ。尊敬する人物はウェリントン。FLF（自由なるライブラリーフィールド）主宰。普段は外資データベースベンダーとして全国＋海外を東奔西走。

011◆M・K／サイトウェブマスター東海地域担当

ビジネス・ライブラリアンでもブリティッシュ・ライブラリーでもないボーイズ・ラブのBL論文で見事！日本図書館協会認定司書。東海ライブラリアンおもてなし隊隊長として、東西の図書館員をあますところなくもてなす。両手からはみだす多彩な肩書きに加え、やわらかい甘さとするどい強さでオヤジも女子も掌にする尾張美人！　キャッチは〝BLGLどんとこい！〟。普段は公共図書館勤務。

012◆E・T／大阪北摂地域担当

兵庫県での講演会がかじゃとの運命の遭遇！　ラジオ出演では、やわらかで滑らかな語りを繰り出し難なくこなす。入職後何年も学外に出なかった引きこもり図書館員のスピード出世？にドキドキの毎日。2015かしまジャックでは番組宛にお菓子とお手紙を送り見事な後方支援を行った配慮満点の北摂美人！　キャッチは〝たなつぐワールド〟。普段は大学図書館勤務。

013◆Ｔ・Ｓ／茨城地域支部長

２０１５かしまジャックが幸か不幸か、かじゃとの出会い！　落ち着いた雰囲気から繰り出される細やかな心配りとワイルドなドライビングテクニックで実行部隊のハートを魅了した常陸美人。鹿嶋も茨城も嫌いだー！っと旅に出たのが早20年前……。なぜか戻って!?いつしか地元図書館に。こうなるのは運命だったのかと今は謙虚に?奮闘中！　リングネームは〝かじゃっぺ〟。普段は公共図書館勤務。

014◆Ｍ・Ｔ／福島地域担当

山形弁（70％）＋福島弁（20％）＋茨城弁（10％）の訛り＆アクセントをブレンドしたラーメン大好きの東北人。ルイス公認の孫、通称〝マーボウ〟として、近所のおばあちゃんからのお菓子の貢物!?が絶えない、眼鏡の似合うナイスガイ。雪国の冬の温もりと大きな水たまりをこよなく愛する〝永遠の後輩〟キャラ！　普段は公共図書館勤務で地元ＦＭ

ラジオＤＪ。

015◆Ｓ・Ｓ／茨城地域担当

日本図書館協会の中堅職員ステップアップ研修2でルイスと遭遇！　かじゃすごい！　楽しさが広がる予感で２０１５ヨコハマナイトで入会。10日後には茨城支部でラジオ生出演！　年齢不詳!?の可愛い笑顔と冷静な観察眼を併せ持つ〝柔能く剛を制す！〟しみじみ・しじみ美人。普段は絵本だいすき、子育てママコーナー担当で公共図書館勤務。

（＊しみじみ＝茨城弁で「しっかり、きちんと」の意）

Adv◆Ｍ・Ｏ／顧問

自他ともに認める〝鉄子〟で、そのあふれ出る知識にもとづく的確かつ華麗なる案内で、メンバーを優しくも厳しく見守る素敵な顧問。〝石橋は叩く前に渡ってるわよ……第一、石橋って何？〟の超強気の大胆さと、鋭く繰り出される軽快なトークの中に細やかな気配りを忘れない、クールな装いの武蔵美人！　普段は大学講師の傍ら各地で子どもの本の勉強会講師を務める。

016◆K・K／第二総務担当

自身を構成する主成分は、あずき・お団子・和三盆。図書館員でなければ〝小豆洗い〟が適職とのうわさ⁉　鋭い観察眼から人懐っこい笑顔できわどく繰り出すツッコミは、まさに関西人！　どんなネタでもお任せ！で、いつも場を和ませる気配り美人。ＬＭゼミ（ライブラリーマネジメントゼミナール）ＭＬ事務局。普段は大学図書館勤務。

017◆Y・K／大阪北摂地域担当

ラジオ出演では、かじゃのトレードマークの頬かむりで落ち着いた語りを披露。好みのうどんネタを絡めて地元のＢ級グルメ〝うどん餃子〟を世界に発信！　薄味ながら奥深い味を醸し出す関西風うどん出汁の如く、その柔らかい物腰で老若男女をとりこにする知性派美人。心にとめている言葉は〝いい加減はよい加減〟。普段は公共図書館勤務。

018◆Y・I／秋田地域担当

なんだかルイスと素敵な図書館員の方々が楽しそうなことをしておるぞ！と遠くから、

〝熱烈な視線で〟眺めていた〝かじゃ〟に、〝かまくら〟〝よこて焼きそば〟そして日本酒が自慢の秋田県横手から参加！　片道５００㎞をもろともせず車で駆け付けた鹿嶋のスタジオ収録で鮮烈!?なかじゃデビュー！　ノリの良さとフットワーク抜群の秋田美人。普段は公共図書館勤務。

※さあ、今回はこの中から選抜メンバー８名が〝かじゃワールド〟を、それぞれの言葉で語っていますので、そちらもお楽しみください。

委員長の〝ひとりごと〟

休暇を利用して研修を受講したり自費で資格を取ったり……図書館に関わる人たちは、知識を蓄えることにとても熱心です。そして、同じ仕事に携わる人数が限られていることもあり、いろいろな機会をつかんで自身の専門性を高めたい、スキルアップしたいと行動している人が多くいます。

私もこれまで様々な場で、個性あふれる人たちと出会い、他愛のない話でもちょっとした雑談の中でも、たくさんの気づきや発見をいただきました。

職場が図書館ということで、もちろん資料から知識を得ることはできますが、しかしそれよりもずっと大切なのは、様々な人と出会うこと、そして繋がることだと思っています。

一方で、せっかくの出会いもきっかけがないままその場かぎりで終わってしまうことも多く、残念な思いをすることもありました。

〝こういうときはどうしたらいいのだろう？〟と職場でのちょっとした疑問を相談したり、〝最近ちょっとしんどくて〟と日頃の悩みを打ち明けたり……気軽に同僚に声をかけられるようなごく普通の環境。

それが、運営形態や雇用環境が多様化し仕事も煩雑化した現在の図書館現場では、働く人たちの周りに必ずしも存在するわけではありません。

ラジオの〝今週の図書館員・図書館人訪問コーナー〟がきっかけとなったかじゃ委員会は、顔も人柄もそれなりに見えていて何を話しても大丈夫という安心感と、それでいて利害関係がなく、オープンすぎない居心地のいい場になっています。

普段は離れていても、困ったときに相談にのってもらえ心の支えになってくれるような関係。相手が頑張っている姿を見て励まされ、自分も頑張ろうと思えるような関係～。

視点を変えれば、現場の最前線で、自立してマジメに考え、勉強を欠かさないメンバーが集まったからこそ、自然とそのような関係が互いに構築できているのだとも言えます。仕事もプライベートも、メンバーがそれぞれの居場所を持ち、楽しみながら活躍している姿に、私自身も元気をもらっています。

〝去る者は追わず、来る者は選択する〟これが、かじゃ入会時の合い言葉です。

これからも〝いけいけ　いってまえ〜！〟

かじゃ委員会は〝マジメにアホなことを〟〝遊び心満載!?で勉強?〟している〝いい加減な、でも〝よい加減〟の楽しい集まりです。

〝全国制覇に向けて着々!?と勢力を拡大中……〟〝Dr.ルイスを差し置いて表舞台に打って出るぞ……〟発言も、いつの間にか定着?したラジオ出演での〝手ぬぐいほっかむり〟も、いろいろもろもろこれすべてウケ!?を狙ったネタのひとつ！

かじゃ委員会の主役は、メンバーひとりひとりです。

やりたいことをやりたいように、自由な発想で楽しんでもらうことを何よりも大事にしています。

このようなライブラリアンたちの集う妖しと魅惑の〝かじゃワールド〟にようこそ！

〈注〉

(1)２０１６年11月現在のメンバーは9府県20名。

(2)かじゃの倶楽部活動：かじゃ委員会内では自由に倶楽部活動ができる。２０１６年11月現在、下記の7部が存在している。「いちご倶楽部」「れきし倶楽部」「ＢＬ倶楽部」「すいたん・すいぽん応援団」「グルメ倶楽部」「かじゃっぺ倶楽部」「くろかじゃ部」

ラジオで広がれ！　多読とマイクロ・ライブラリーの可能性

森藤　恵子

Dr.ルイスとの出会い、そして、まさかのラジオ出演依頼

図書館員を対象に、不定期的に講習会を開いている友人のHさんからお誘いを受けて、Dr.ルイスの講演会に駆け付けたのは、２０１３年の1月18日、寒い冬の夜でした。

当時出版されていた『だから図書館巡りはやめられない』（ほおずき書籍、２０１２）、『図書館はラビリンス』（樹村房、２０１２）を読んでいなかったこと、また、自宅から会場の大阪市内まで距離があり、さらに翌日の勤務を考えると参加することに迷いはありましたが、Ｈさんが夢中で読んだ書籍の著者であれば、お話を聞いてみたいとの思いに駆られ、はるばる出向きました。

講演会終了後の質問時間が短かったため、Dr.ルイスに一言も発することもできず残念

でしたので、Hさんに「第2回をぜひ、開催してくださいね」と、無茶なお願いをして帰路に着きました。

その後、同主催者によるDr.ルイスの講演会が名古屋で開催されたので、「講演のお礼も申し上げられないままになってしまうなぁ」と、残念に思っていました。

ところが、世間は狭いもので、ある友人とDr.ルイスがFacebookでお友達であることが分かり欣喜雀躍。約1年半ぶりに、お礼を申し上げることができ、それをきっかけにDr.ルイスと繋がりができました。

SNSでDr.ルイスとのやりとりが始まって間もなく、ラジオ出演のお話をいただきました。しかも、兵庫で初のゲストになるとのこと。

大阪で講演を拝聴した際、ラジオ番組のパーソナリティであることもお話しされていましたが、自分には縁が無いと思っていましたので、本当にびっくり。

同時に、素晴らしい方は他にたくさんいるのに、私で良いのかな?とも思いましたが、自分が読書好きになったきっかけをお話しすることで、何かのヒントになればと思い、2014年9月に出演させて頂きました。

まさかの電話出演

少し話は戻りますが、ラジオ出演のお話をいただいた時、がっかりしたことがありました。それは、「電話でのゲスト出演」ということです。

高校時代に放送部で活動していましたので、「鹿嶋までどうやって行こう？　どんなスタジオかなぁ？」と、期待に胸を膨らませた瞬間、あっさり思いを打ち砕かれました。けれども、番組出演中に、スタジオに行きたかった思いを込めて、「いつか鹿嶋のスタジオに遊びに行かせてくださ〜い」と、叫んだところ、Dr.ルイスと御茶さんより「ぜひ、いらしてください」「飛行機に乗ればすぐですよ」等と、思いがけず温かいお言葉を頂きました。

その時は、2度目の出演もスタジオに遊びに行くのも夢の話と思っていましたが、もし、スタジオ出演の機会があれば……話したいことがありました。それは、ゲスト出演者のキモである「図書館員の矜持」についてです。

失敗から生まれた「かじゃ委員会」

実は、ラジオ出演のことは、ごく一部の人にしか伝えていませんでした。ところが、放送日の夜半、一通のメールが届きました。

「ラジオ聞きました。嘘でもいいから、ちょっとは緊張してくださいよ。（笑）」

メールの主は、後に「かじゃ委員会」委員長に就任することになった岩本高幸さんでした。いや、緊張していたからこそ、時間配分を間違えて、図書館員の矜持を話せなかったのです。番組出演後、〝失敗してしまった〟と、落ち込んでいましたが、ラジオを通して世界へ発信した「スタジオに遊びに行かせてくださ〜い」の一言が、「かじゃ委員会」発足、「かしまジャック」へと拡がり、スタジオでの出演へと繫がっていったのですから、何が幸いするか分からないものです。

マイクロ・ライブラリー開催のきっかけ

日頃は大学図書館で司書をしていますが、地域に根差した活動ができないものかと、以前から考えていました。

とは言え、仕事に加え高齢の両親がいますので、頻繁に活動することは難しいのですが、月に一度程度、数時間程度であれば、地元で何かできるかもしれない……具体的には、かなり前にＴＶで見たことのある「マイクロ・ライブラリー」なら司書の経験を生かせるし、数冊程度の蔵書でもＯＫ。国内で、様々な形態で開催している例を知り、私にも出来るかも？と、具体的に考え始めました。

英語多読にこだわったわけ

どんなマイクロ・ライブラリーを開催しようか……地元駅前に公共図書館があるだけに、収書の差別化を図ろうと考えました。そして、「英語多読書」に特化することにしました。

というのは、多読をしている人（通称：タドキスト）は、多読貧乏に陥ることが多いのです。それは、とりもなおさず、日本語を介さず英語を英語のまま理解するには、できるだけたくさんの冊数を読むこと。しかも語数の少ないものから、できるだけたくさん読む必要があるからです。わずかな語数でも1冊当たりの本の価格は数百円程度ですので、シャワーを浴びるように英語に触れようと思えば、費用が掛かるのは当然です。

英語多読については詳しく触れませんが、そもそも、なぜ英語多読書にこだわったかと言えば、自分自身も英語多読をしていて、これを他の人と共有できないかな?と思ったことに端を発します。

英語をもっと気軽に、楽しく学べないの?

留学したり、子どもの頃から英会話スクールに通ったりする人もいる反面、例えば、収入の問題や様々な事情で、気持ちはあっても英会話スクールまで手が届かない場合もあるでしょう。

また、英語に対して苦手意識を持つ人、中・高の英語教育に乗り遅れてしまった自称「英語難民」、更に、英語を学べる時代に育っていなかった人もいます。

その一方で、スキーに行った時、インストラクターが外国人に英語でスケートボードを指導している場に遭遇しましたし、そのスキー場で英語のアナウンスも流れていました。

田舎だから、苦手だからでは済まされない時代であることも事実ではないでしょうか。

もちろん、これは英語に限ったことではありません。地元のドラッグストアで中国語を耳にした位ですから、どこにいても多言語が身近に聞こえてくる時代と言っても過言ではないでしょう。

それだけに、もっと気軽に、楽しく、安く、外国語を身に付けるチャンスが身近にあれば良いのに、そして、その一端を担えたら楽しいだろうなぁ……と、思いました。

英語がたいして出来ないからこそ……

自分自身は、胸を張って「英語が出来ます」と言えません。

金銭的に余裕がある学生時代を送ったわけではありませんでしたので、留学経験もありません。

そんな私が英語に興味を持ったきっかけは、親が無理して通わせてくれた私立幼稚園の年長クラスに英語の時間があったことです。

毎回、ネイティブ・スピーカーの先生が来るのですが、ある時、私のスカートを指して

〝pink〟とおっしゃいました。今でも覚えているのは、よほどインパクトがあったからでしょう。そういうきっかけを持てたことは幸せです。

英文科を卒業後、なかなか英語に触れる機会はありませんでしたが、幸い、就職した一般企業で海外工場の研修生と話す機会があったのと、企業内で開催された英会話学習会に無料で参加できました。

ある時、海外の研修生を迎え入れた部署にいた方から「専門書を読んでいたら、TOEICの勉強をしなくても点数が上がっていったよ」と言われたことがありました。

その当時は、「専門書なんか読めないし、本を読んでTOEICの点数が上がるなんて」と、不思議でしたが、その方のほうが英語学習会に参加していた私より点数が高かったのです。それがインプット量の違いであると、当時は分かりませんでした。

数年前に「多読」を知った時、一から勉強するつもりで、とにかく簡単な内容の本をできるだけたくさん読みました。オチのあるお話に思わず笑いがこぼれます。そして、〝こういう内容なら、英語が苦手な人でも興味を持てるかもしれない〟と思いました。

英語力が無い自分だからこそ「英語多読のためのマイクロ・ライブラリー」を思いついたわけです。

マイクロ・ライブラリーの運営、どうすればできるかな？

まず考えたのは、

（1）どこで開催するのか？　場所×天候×安全の問題
（2）費用は続くのか？　収入との兼ね合い
（3）開催頻度、長く続けるには？
（4）収書の方向性は？

です。

自分なりに見つけた答えは、

（1）場所の候補として数か所考えました。1つは地元の駅近く。もう1つは地元の駅前にある公共図書館（分館）に行くには距離がある農村地域です。

目的があれば、遠くても人はそこへ行きます。公民館などを利用すれば、自宅から離れていても開催は可能です。しかしながら、私が住む神戸市北区は冬に雪が積もる地域であることを考えると、事前案内していても天候次第で開催できない可能性は否めません。迷いはありましたが、まず地元から始めてみようと思い直しました。

３つ目、グラスまちライブラリー。公園の芝生の上などを利用すれば会場費は無料です。家の近所にも数か所公園がありますが、急に天候の変わる山間部に位置することを考えると、これも却下。安全で、バリアフリー、かつ人が定期的に集まる所。しかも天候に左右されない場所を考え、結局、地元の区民センターの会議室をお借りすることにしました。

（２）かつて英語を習いに行っていた時、１回・３～５千円の受講料を支払ったことがありました。英語を習いに行ったと思えば、同等の金額は出せるはず。それを会場費と書籍代金に按分すれば、それほど無理なく続けていけます。そうやって、自分の勉強を兼ねて買い集めた多読書や絵本が、今や、３５０冊以上になりました。

（３）２０１５年８月に初めて開催しましたが、以後、概ね月に一度のペースで開催しています。理由は、休日のみ開催していること、そして、「無理をしたら疲れますよ」と、アドバイスを頂いたからです。

月に一度の開催であれば、翌月までの間にゆっくり本を選んだり、届いた本を読む時間もあり、また、仕事に支障も来しません。地元開催を主体に無理なく長く続けたいという気持ちから、緩やかなペースで進めることにしました。

（4）開催前は、基本図書的な"Oxford Reading Tree"（通称ＯＲＴ）をメインに収書していけば良いと思っていましたが、果たして、「皆が皆、ＯＲＴを読みたいのかな?」と、迷いました。多読三原則の一つである「つまらなければ次の本へ」を考えると、いろいろなジャンルの本があれば、手に取る楽しみも広がります。そこで、Rewriteですが、日本の昔話の英語版や、童話、映画になったお話、歴史や自然に関する本も徐々に加えました。

所蔵するだけじゃ読まれない多読書

新しい本が届いたら、忙しくても疲れていても、すぐに読むことにしています。もちろん自分自身のためでもありますが、同時に、参加者にお話の難易度、楽しさ、お勧め度を説明するためでもあります。

多読書を所蔵している公共図書館や大学図書館も多々ありますが、

・なぜ、多読が英語力をつけるのに効果があるのか?
・なぜ、語数の少ないものから始めるのか?

そして、お勧め度やちょっとしたレビュー等、その都度、丁寧な説明をすることは難しいでしょう。

その点、個人の開催であれば、一人一人の参加者に、上記の説明ができます。更に、参加者からの様々な質問にその都度答えることも出来ます。

ちょっとしたレファレンス

ある時、「動物が出てくる本はありますか?」と質問されました。

幸い、Eric Carle や Leo Lionni の本もあり、また、"Step into Reading"シリーズや"Penguin Kids"シリーズでも動物が出てくるのでお勧めしたところ、喜んで読まれたようです。

そう言えば、この本の編著者であるDr. ルイスは大のクルマ好きです。

デフォルメされた絵でなく、本物をそのまま描いた車の挿絵がお好きということを知り、ORTから一冊、ご紹介したことがありました。Dr. ルイスからすぐに購入されたと、喜びの声を頂きました。こういったご案内が出来るのも司書ならではの喜びです。

参加者から学んだこと

「受験で英語が嫌いになったけど、ここの本は楽しい」

「受験に英語が必要だけど、教科書や参考書の英語を読む気がしない。長文読解が苦手。でも、ここの本なら読める」

「絵本がたくさんあって、至福の時間を過ごしています」

また、絵本の読み聞かせをしている方々から、「翻訳絵本は人によって訳し方が変わります。原作を読んでみたくて、ここに来ました」等のお声を頂きました。

こんな風に、嬉しい感想を頂いた半面、「効果はよく分からない。たくさん読めなかったけど、こんな本しかないの」という厳しいご意見も頂きました。

参加される方の年齢や目的によっては、物足りなく感じられるのも事実ですが、開催当時から応援してくれている「かじゃ委員会」の皆さんの忌憚のないご意見、アドバイスや励ましが、次への原動力になっています。

読んで欲しい本と読みたい本は違う

来られた方の背景や目的によって、こちらが読んで欲しいと思う本と、参加者が読みたいと思う本は異なります。なかなかGR（Graded Readers）を読んで頂けないことも悩みの一つでした。

ある時、試しに誰もが知っている絵本の原書を買ったところ、ツボにはまりました。英語の絵本は、英語を理解していく上でも、実によく考えて作られていることが分かったからです。

そして、絵本を楽しそうに読まれている方の笑顔を見ていて、ふと、語数やレベルなんて関係ない。自分の読みたい本を読む、そこから英語への興味が深まって力をつけていけば良いんだ。多読は楽しいのが一番！　その楽しさを共有できると、更に楽しみが広がって、持続力につながっていくんだと実感しました。

個人だからできること

それからは、参加者とワイワイ言いながら、絵本を通して、英語ならではの動きのある表現や絵を一緒に楽しんでいます。一人一人の参加者と向き合える。ただ黙々と読むだけでなく、時にお喋りをしながら、一緒に楽しんでいける。これも個人開催であればこそできることです。

その中で、徐々に絵本から多読書へと移っていければ、分厚いペーパーバッグ等に挑戦できる日が来ると信じています。

広がる・繋がるマイクロ・ライブラリー

絵本サークルを主催している友人が、英語の絵本を読みに来てくれたのをきっかけに、2015年12月に「英語多読と絵本の会」という名称で、初めてコラボイベントを開催しました。

ここでも、かじゃ委員会メンバーに支えて頂きましたが、その折、名古屋から見学を兼ねて参加された千邑淳子さんと盛り上がり、２０１６年3月にコラボイベントを開催しました。

いずれの場合も、コラボイベントに当たっての事前打ち合わせは簡単です。

ポスターと書籍リスト作成。

ポスターは、どちらかが原案を作って、お互いに手を加えていきます。

リストは、連絡を取り合いながら、読んでもらいたい本を選び、冊数を合わせます。

あとは、当日。それぞれスタイルを持っているので、そのスタイルを保ちつつ、参加者の様子を見ながら読み聞かせをしたり、お勧めの本をご紹介しています。

開催するたびに、次へのヒントを得ていますので、これからも時折、コラボイベントを開催し、次への展開を図っていければと思っています。

個人では厳しいこと

マイクロ・ライブラリー開催に当たり、一番気になっていたことがありました。それは、一体誰が来てくれるのだろう？ということです。

声をかけた地元の友人たちに加え、口コミで来てくれた方々が、リピーターになってくださいました。しかしながら、いくら区民センターに多くの人がいても、通りがかりの人は、お借りしている会議室を覗いてみるだけ。一歩足を踏み入れる人はほとんどいません。

主催者の身元をどこまで明かすか？　そして、主催の意図は伝わるか？

公共図書館や大学図書館でカード発行する際、身分証明証を提示したり、連絡先を伝えることに抵抗のある人はいないでしょう。

けれど、月に一度、どこからともなくやって来る私に対して信用が無いのは、当たり前と言えば当たり前です。参加者の安全を確保するために公共施設の会議室を借りたことは、反面、ちょっと覗いてみるには敷居が高いのかもしれません。

館内ポスターに司書・司書教諭であること、そして個人名は出しましたが、リピーターであっても「あなたは誰？」という意識を変えていくこと、この活動を通して、「英語に興味を持つ人を一人でも多く増やす、そのきっかけづくりをしたい」という気持ちを理解して頂くには、まだまだ時間がかかりそうです。

参加者を増やしていくには……

事前申込み不要にしていますので、開催するたびに、「今日はどなたが来てくださるだろう」と、期待と不安が胸をよぎります。

多読をしている方はその効果や楽しさを理解されていますので、2時間以上かけてでも会場まで来られますが、地元では、まだまだ多読が広まっていません。

では、どうすれば多読が広まるのでしょうか？　場所や開催回数等も再考しました。

2015年12月にコラボをした友人が再び声をかけてくれ、オープンスペースで「日本語と英語の絵本の会」を開催したところ、延べ20名以上が参加されましたので、今後もオープンスペースを視野に入れようと思っています。

次に、冊数が増えていけば、固定した場所も必要になってくるかもしれません。「こういう場を使って、お茶を飲みながら勉強や仕事をしたい」と言われる方もいらっしゃいます。実際、大学受験勉強の「場」として使って頂いたこともありました。

静かに読みたい人もいれば、おしゃべりしながら読みたい人もいますので、「ゾーニング」が必要になってくるかもしれません。

本を読む以外に「場」としてのマイクロ・ライブラリーが展開出来れば、楽しみもまた広がるでしょう。

本については、まちライブラリーがある大学図書館や公共図書館が、今のところ近隣にありませんので、参加者の方が字数の多い本や専門書をどんどん読める、どんな話題でもスムーズに会話が出来る英語力が備わっていけば、公共図書館や、地域住民が利用できる大学図書館を利用して頂きたいと願っています。そのお手伝いをしていくことも、司書の活動と言えるのではないでしょうか。

広告について考えてみた

広告については、開催前から頭を悩ませていました。

口コミが広がれば……という期待もありますが、多読が、まだまだ広がっていないだけに、「英語の絵本が読める」という認識で留まっていることも否めません。

できるだけ費用をかけたくないので、現在使っている広告媒体は、

・区民センターに2週間設置できるポスター（50円で2週間掲示）
・SNSの利用
・友人や英語に興味のありそうな人へのお誘い
・参加者からの口コミ
ですが、他に思いついたのは、ラジオです。

ラジオで広がれ！……という期待を込めて

冒頭で触れましたように、初めて大阪で講演された時に、Dr.ルイスは「皆さんの図書館をラジオで宣伝できるんですよ。（趣旨）」と、おっしゃいました。

そのお話をお聞きした時の気持ちと180度異なり、次回ゲスト出演する機会を頂ければ、英語に興味を持つ人を増やしたい。その一助になれば、との思いで始めたマイクロ・ライブラリーのこと、そして多読の効果等について語ってみたいと、思っています。

Dr.ルイスや御茶さんは、「スタジオに遊びに行かせてくださ〜い」と、番組で叫んだ時のように、こんな申し出を快諾してくださるでしょうか。

と、その前に、そもそも、「Dr.ルイスの〝本〟のひととき」を、ＪＣＢＡ（日本コミュニティ放送協会）で一斉に流しましょうよ。

ラジオを通して「身近にある図書館はその地域の住民のものであること。そして、生活に、人生に、様々な形で役立っていることが分かれば、今まで見向きもしなかった人が、図書館について再考したり、足を向けるきっかけになったりと思うんだけどな」。（御茶さん風に）

〈参考〉

神戸市北区については、ＵＲＬ〈http://www.city.kobe.lg.jp/ward/kuyakusho/kita/〉を御覧ください。

酒井邦秀・西澤一『図書館多読への招待』日本図書館協会、２０１４年.

磯井純充『マイクロ・ライブラリー図鑑〜全国に広がる個人図書館の活動と５１４のスポット一覧』まちライブラリー、２０１４年.

磯井純充『本で人をつなぐまちライブラリーのつくりかた』学芸出版社、２０１５年.

日本コミュニティFM協会については、ＵＲＬ〈http://www.jcba.jp/〉をご覧ください。

美味しい〝かじゃレシピ〟
〜広報担当的楽しみ方〜

井上　俊子
（神戸常盤大学図書館）

遊びができないと仕事はできない!?

「フレッシュさんって、最近何してるんですか？」という問いに言葉が詰まったのは、福寿（ノーベル賞晩餐会でも振る舞われた神戸の日本酒）にむせたせいでも、淡路の朝引き地鶏が喉につかえたせいでもなく、単にここのところ自分のやりたいことばかりやっていて、遊び人の金さんになっていたからでした（ちなみに、私は杉良太郎派〜）。

「え？　今、私ほんま遊んでばっかりおって……」と言葉を濁していたところ、私の向かいで同じく地酒を楽しんでいらしたO顧問が静かに口を開きました。曰く「遊びのできない人間に仕事のできる人間はいないわよ！　大いに遊びなさい！」。うむ……私が仕事のできる人間かどうかはともかくとして、けだし名言である。心が救われました。

そう思うと、〝かじゃ〟の面々は遊びを楽しむことが上手なメンバーばかり。そしてなるほど、仕事もできるやり手の方ばかり。私はさらに「遊びと仕事」の関係性について熱弁をふるうO顧問を見ながら、名言の活きた事例が周りにたくさんいることに納得したのでした。

しかし、よくよく考えてみると、そもそも〝かじゃ委員会〟というもの自体が図書館を愛する面々の遊びであったのでした。ほぼノリと勢いで始まったわずか5人の陰謀（エフエムかしま「Dr.ルイスの〝本〟のひととき」スタジオ収録ジャック計画）が、当初の目的を果たした今でも、全国制覇を目指す勢いで拡大中なのも、「リアルにマジメに楽しく遊び学ぶ」という会の持つ妖しい魔力？に皆さんが魅かれるからかもしれません。

さらに〝かじゃ〟にはいくつかの倶楽部があります。「かじゃの倶楽部活動について」という資料を見ると、2016年6月現在、公認倶楽部が6部、非公認倶楽部が1部あることが確認できます。ほとんどの部員があれもこれもと兼部しています。皆さん、本当に遊びすぎですね。でもいいんです、こういうのは楽しんだもん勝ちですから。

「・かじゃ委員会内では自由に倶楽部活動ができます。
・事前に名称と倶楽部代表者の申請が必要です。（かじゃ内規より）」

とマジメくさった文章にあるように、委員会内での宣言に基づき発足し、それぞれ好き勝手に遊んで、いや、活動しています。

そのうち私が部長を務める「グルメ倶楽部」について少しご紹介しましょう。え？　非公認倶楽部について知りたい、と？　それは言えません。なんせ非公認ですからね。私の口からは、どんな組織にも少し黒いところはありますよ、と言うにとどめておきましょう。それはさておき、グルメ倶楽部は端的に言えば、食べること・飲むことが大好きなメンバーが集まり、大いに楽しもう！という部活です。

実はこのグルメ倶楽部、まさに、かしまジャックの最中、スタジオ収録時に生まれ、公認された倶楽部なのです。リスナーの方はご存じのとおり、番組内では、御茶さんも興味津々、ゲストの地元の特産品（特に美味しいもの）について取り上げられることが多く、御多分に漏れず、かしまジャック収録時にも話題に上りました。ただし、このときの地元は収録地である鹿嶋市。進行権はスタジオジャックしたこちら側、ということで、鹿嶋市の美味しいものは？　お土産に最適なものは？　と、〝かじゃ〟からお尋ねしました。折しも、収録前夜のおもてなしの席で美味しいお料理とお酒をいただいたという話がでたところでもありました。しばらく食べ物の話が続いた後、やっぱり美味しいものは人を幸せにするよね、人を繋げるよね、とスタジオ内に味わいのある空気が漂いはじめた（と少なくとも私は思った）ので、「グルメ倶楽部を作りたい！　委員長、いいですよね？」と半ば強引にグルメ倶楽部は発足したのでした。

今や、〝かじゃ〟内で一番活動的な倶楽部と言っても過言ではないでしょう。定期的に会を開催し、部員間の交流を深めています。食を楽しむことが好きならもちろん部員以外の方の参加も大歓迎。発展的飲みニケーションとでも言いましょうか……公共図書館員、大学図書館員……がそれぞれに、美酒佳肴に酔いながら日々の仕事や思いを語り合っているうちに、自然と学びが深まり、情報交換がなされている、なんとも美味しい、胃も脳も心も、まさにグルメな倶楽部なのです。

館種や地域を越えたSDに発展〜

ところで、「SD（Staff Development）」と言えば、大学図書館員の方はもう耳にタコの言葉でしょう。初耳！という方にSDとは、「事務職員や技術職員など職員を対象とした、管理運営や教育・研究支援までを含めた資質向上のための組織的な取組み(1)」のことです。

大学では「ＳＤの充実！」と声高に言われるようになって久しく、各大学や各課等の組織でＳＤ研修なるものが頻繁に行われている現状があります[2]。つまり、大学教員だけでなく職員にも高度な専門知識、管理運営、教育・研究支援能力がより一層求められている、ということなのですが、総じて図書館員はＳＤが提唱される以前から、自主的にＳＤ研修を行ってきたといえるのでは、と勝手に誇らしく思っています。

図書館員は職務外でも研究活動や研修参加をしている人が多く、休日に講演会等に参加するとしてもその盛況ぶりに驚くほど、というのはご存じの方も多いことでしょう。とまあ、こんなマジメではなくても、〝かじゃ〟に見るように、職務を超えて自主的に楽しみ学べる研究？グループはもう立派なＳＤではないか！と私なんかは思うわけです。

実際、公共図書館員・大学図書館員・専門図書館員・大学講師からベンダー、とラジオで繋がったからこその多種多様な顔ぶれが揃う〝かじゃ〟は、メンバー個々人の主体的な取組みや活動、そしてその応援はもちろんのこと、組織としての取組みや活動も活発で、いつのまにか、なんともビッグなＳＤの一つに変身していたのでした。

大学に限らず、所属する組織を支えるのは「ひと」であるという根本を意識すれば、こういった刺激し合えるメンバーと「リアルにマジメに楽しく遊び学ぶ」会ができたのは、とても素敵なことではないでしょうか。

甘～い〝かじゃ〟の倶楽部発足ストーリー!?

そもそも、なぜ〝かじゃ〟の中で倶楽部ができたのか、これにも〝かじゃ〟の歴史を語るうえで外せないストーリーがあります。〝かじゃ〟で最初に発足したのは「いちご倶楽部」という甘～い倶楽部でした。

本来の〝かじゃ〟の目的は「かしまジャック実行推進委員会」という名が示すとおり、エフエムかしま「Dr.ルイスの〝本〟のひととき」のスタジオ収録を我々でジャックすること。しかしこの目的は、いくらノリと勢いで始まったとはいえ、綿密に練りあげていかねばならない長期計画。それなら実行までの息の長いそのスパン、とことん楽しもうやないの!となったのも関西人の集まりなら必定だったといえるでしょう。我らの秘密基地Biz Libraryで開催された「第1回かじゃ委員会」でのグルメな交流を皮切りに、委員のやりたいことや気になることを気軽に提案し、相談できる雰囲気が生まれました。とは言うものの、それまでもメンバー間ではずっとハチャメチャなやりとりはあったのですが。

そして、〝かじゃ〟初の倶楽部が誕生します。事の発端はF事務局長の「いちご狩りがしたーい」発言でした。これに反応したいちご好きメンバーがいちごネタで盛り上がり、いちご強化月間が強制スタート。しかし、このときはあいにく皆の都合がつかず、いちご狩りには至りませんでした。諦めきれない思いを募らせた面々による〝いちごコール〟で、委員長が「いちご倶楽部」発足を宣言。そしてその思いは「第2回かじゃ委員会」で、いちごの産地である京都精華町（Kメーリングリストマネージャー）と神戸北区二郎（M実行隊長）のいちごの食べ比べという形で果たされます。1キロの箱に入った輝くばかりの、まさに採れたていちごの贅沢な食べ比べは、部員外の皆をも虜にし「いちご倶楽部」を不動のものにしたのでした。そしてその翌年にはついに念願のかじゃいちご狩りを決行。残念ながら私は参加が適わなかったので、ここで詳しくお伝えできないのが申し訳ないのですが、それぞれに楽しんだ様子が後日の報告からうかがえました。

ちなみに、スタジオジャックの際に私が被った手ぬぐいは、いちご好きの私の誕生日祝いにI委員長がプレゼントしてくれたもので、ピンクの大粒いちごたちが空を飛んでいるという大胆かつメルヘンなイラストが描かれています。手ぬぐいのタイトルは「Lively Earth」。そして、いちごの間に書かれた「Flying Strawberries」の文字。この壮大な「フライングストロベリー」が後に、2015年のかじゃキャッチフレーズとなりました。

ラジオ出演までの経過

せっかくなので、神戸の片隅で妄想!?ばかりしていた一介の図書館員の私がラジオ出演に至った経緯をお話しさせていただきます。私とDr.ルイスとの出会いは、2014年夏にDr.ルイスが『図書館長論の試み』を上梓した直後の関西での出版記念講演でした。この講演を企画したのは、後に〝かじゃ〟のメンバーとなる熱いハートの持ち主、ベンダーのHさん。ここで、私は初めて生Dr.ルイスのその静かな物腰の奥に燃え滾る図書館(を取り巻くすべてへの)愛に、密かにずきゅん♥と打ち抜かれたのでした。

この講演のすぐ後、ご挨拶をした私のもとにDr.ルイスからラジオのゲスト出演のオファーが届きました。しかしながら、このオファーにビビった私は、遠回しにお断りの返事をします。それも、今までのゲストの方々のように、何か誇れるようなものがあるわけでも、引き出しが多いわけでもなく、日々自分の頭の回転の悪さや理解力と格闘している私が、そんな全国区の番組に出られるのか、いや出ていいのか、第一アホがばれるし……、でもこんな素晴らしくもありがたいチャンスはもう二度とないかもしれない、嗚呼!!と悶々とした内なる思いだけを送り付けるというなんとも失礼な返事をしたのでした。

それに対し、Dr.ルイスは「悩ませるのは本意でないので、一度リセットしましょう」といった内容の優しいお返事をくださいました。それで安心した私でしたが、その柔和な言葉の裏で、Dr.ルイスは着々とゲスト出演への布石を打っていたのでした。

そのやり取りの後、ほどなくして、まずI委員長から私にメールが届きます。この頃は、I委員長とは面識はあるものの、それほど親しくはなく、メールのやり取りも幾分硬かったと記憶しています。そのメールには、「秋にDr.ルイスが大阪公共図書館協会の研修会講師として来阪するにあたり、前夜に少人数で飲み会をしたい。その参加メンバーはDr.ルイスのご指名です」とありました。なぜ私にお声が?と訝しく思いながらも、そこは生来の関西人、なんだか面白そうだし、というので二つ返事で参加することにしたのでした。

頭の片隅で何かが引っかかりつつも、Dr.ルイスとの飲み会(後に「Dr.ルイスを囲む会」と命名)を翌週に控えたある日、職場にかかってきた一本の電話で、あれよあれよという間に私のゲスト出演は決まりました。もちろん電話の相手はDr.ルイスでした。

そして明らかになったことは「Dr.ルイスを囲む会」の参加メンバーは、以前にゲスト出演したI委員長とF事務局長、前月に出演したばかりのM実行隊長、これから出演予定のK総務と私。I委員長が「Dr.ルイスを囲む会」の参加を打診してきてからゲスト出演決定に至るまで、この間2か月。なんと、指名メンバーとは未来のゲストでありました。ということは、I委員長とF事務局長は、私が指名ってなんとなく違和感～と思いつつも能天気に過ごしていた2か月も前から、私がゲストで出演すると知っていたのでした。知らぬは自分ばかりなり……外堀は埋まっていたのか～！とお好み焼き屋さんで絶叫した私の気持ち、分かっていただけるでしょうか。そしてここから〝かじゃ〟の歴史がスタートしたのです。

さて、アホがばれると心配していた私のラジオ収録はというと、収録前の「Dr.ルイスを囲む会」で、〝かじゃ〟メンバーの振り回す愛の鞭により更にハードルを上げられたのです（緊張を解いてくれた、とも言う?）。それがかえって「なんでもこい！　私は私。そのままやれば、ええんや！」と私を吹っ切らせ、本番ではDr.ルイスと御茶さんの巧みなリードもあり、時間を超過するほど楽しくお話しさせていただくことができたのでした。そしてその余韻は、受話器を置いた後も続きました。

人生にスパイス〝かじゃ〟を

ラジオで繋がった見ず知らずの図書館を愛する人々が、こうして一緒に学び、遊べること。私の中で〝かじゃ〟は人生の美味しいスパイスです。なくても日常はそれなりに楽しい（多分……）けれど、あれば日常は変化に富んで面白くなる。

不思議に素晴らしいご縁が繋がり、無名の一図書館員がこうした形で図書館を超えた世界に踏み出せていけている、ということがいまだに信じられません。しかし、ひとたび、スパイス〝かじゃ〟の味を知ってしまった身としては、この抜け出せない妖しい魅力をとことん楽しんでいきたいと思っています。

一歩を踏み出す〝しかけ〟をしてくださったDr.ルイスと、仕事だけではない、人生の喜怒哀楽をも共有できる仲間〝かじゃ〟と、私の周りの全ての方にたくさんの愛を込めて

♥

〈引用・参考文献〉

(1)文部科学省〝中央教育審議会「我が国の高等教育の将来像（答申）」平成17年1月28日　用語解説〟
http://www.mext.go.jp/b_menu/shingi/chukyo/chukyo0/toushin/attach/1335601.htm
（参照　２０１６年６月18日）.

(2)文部科学省〝中央教育審議会答申「学士課程教育の構築に向けて」平成20年12月24日〟
http://www.mext.go.jp/component/b_menu/shingi/toushin/_icsFiles/afieldfile/2013/05/13/1212958_001.pdf（参照　２０１６年６月18日）

かじゃミステリー劇場「今暴かれる『かじゃ』の正体!?」

栗生　育美
（吹田市立中央図書館）

コミュニティFMの番組ジャックに成功し、にわかに勢いづいた「かじゃ」。彼らの全国制覇の阻止に動くK氏。彼がもぐりこんだ先は、関西の虎口。ベールに包まれた「かじゃ」の正体が今、明らかになる!?

プロローグ

K氏のもとに一本の電話がかかってきた。

いつもの非通知。発信元は例の組織からである。

「了解」

K氏は電話を切った。

今回の依頼内容は「着々と実行されている、かじゃの全国制覇を阻止せよ」というものである。


そもそも「かじゃ」とは何なのか？　Ｋ氏はすぐに調査を開始した。

どうやら「コミュニティＦＭのＦＭかしまの番組から生まれた図書館関係者の集まり」らしい。

そして、メンバーは番組のパーソナリティのDr.ルイスを追っかけて、各地の講演会にも出没しているようだ。かじゃメンバーだけでの会合も開かれている様子である。

しかしながら、入手できる情報はどれも断片的で限られたものばかりである。

Ｋ氏が想像していたよりも、調査は難航した。


しばらく経ったある日のこと、Ｋ氏のもとに情報が入った。大阪の難波周辺で行われる某講演会に、かじゃのメンバーが集まるとのこと。

Ｋ氏は参加者の一人として、その会に紛れ込むことにした。

K氏の大阪潜入

講師を囲み、さらにその講師をネタにして笑っているグループ。その隣には、講師にも目もくれずに熱弁を振るう参加者と、その話を熱心に聴く人たち。かじゃのメンバーに接触する機会をうかがっていたK氏であったが、何よりもまずその場の雰囲気に圧倒されていた。


K氏は、先ほど名刺交換した隣の女性に尋ねた。

「関西はやはりパワーがありますね。懇親会はいつもこんな雰囲気ですか？」

「まあ、そうですねえ。Kさんは東のほうにお住まいですから、関西のノリにはついていけないいですかねえ」と、女性は答えた。

「友達の受け売りなんですが、関西人のことを説明するのに、わかりやすい話があるんです」今度は、女性から話し始めた。

「例えば、朝、冷蔵庫を開けたとき、保存していた食パンにカビが生えていたのをKさんが見つけたとします。それを友人に伝えるとき、Kさんはどんなふうにおっしゃいますか?」

「唐突にそう言われましても……」と、K氏は戸惑いを見せた。

「あ、そうですよね。でも、相手には『朝、冷蔵庫を開けたら、食パンにカビが生えていた』と、事実をそのままお話しされますよね?」と、女性。

「はい……」

K氏はこの先、どんな話の展開になるのか読めずに、首を傾げていた。

女性は続けた。

「関西人はそんな普通の事実報告はしないんです。『そのパンを半分食べてしまったところで、初めて気づいた』とか、『数枚を近所の人にあげてしまった後で、気づいた』とか、そういう、いわゆるオチのある内容でないと、人には話しません」

「へえ」

「せっかく話すなら、相手に笑ってもらえるほうが楽しくありません? 相手に笑ってもらって一番喜んでいるのは、実は話し手のほうなんですがね」と、女性は笑顔で話した。

「なるほど、そういうものですか」

Ｋ氏は、ここぞとばかりに、次の問いを切り出した。

「関西の人たちが中心になって結成された『かじゃ』という集まりがあると聞いたことがあるのですが、ご存じでいらっしゃいますか？」

「はい、知ってますよ。あちらに、そのメンバーも来られてますし」と、女性は言った。

かじゃとの接触

Ｋ氏は女性に連れられて、別のテーブルに移動した。

そこで、Ｋ氏はある人物を紹介された。スマートな雰囲気を漂わせた女性であるが、かじゃの実行隊長をしているという。

お互いの自己紹介を一通りすませた後、Ｋ氏は早速、隊長に尋ねた。

「あの、隊長をなさっているとお聞きしましたが、『かじゃ』とは何ですか？」

隊長は、かじゃ結成の経緯から、番組ジャックの実現、新メンバーの入会など、順を追って説明した。

「図書館には公共、大学、学校、専門などの館種があるのはご存じですか？　この館種を越えたつながりを持つというのは、実はあまりないことなんです。けれども、かじゃのメンバーは、立場とか地域とか、そんなものをすっ飛ばして繋がっています。図書館界の中でも珍しい集まりではないかと思います」隊長は付け加えた。

「なるほど、すごい会ですね。それで、かじゃをどのように見てらっしゃるんですか？」と、K氏は質問した。

「なにしろ、ノリがいいんです。今年のキャッチフレーズも『いけいけ　いってまえ～』ですし」隊長は笑顔で答えた。

「その『いけいけ　いってまえ～』というのは、『やっちまえ』という意味ですか？」と、K氏は続けて尋ねた。

「いえいえ、そうではありません。迷っている人に『先に進んでみたらどう？』と、エールを送って後押しするような言葉とでも、表現すればよろしいでしょうか」隊長は答えた。

「はあ」K氏は、浮かない顔をした。

隊長はいったん席を外した。そして、隣に男性を連れて戻ってきた。

「せっかく遠方からいらっしゃってくださってますし、委員長にもいろいろ聞いてみてください」

男性は委員長と名乗り、K氏の目の前の席に陣取った。

個性あふれるメンバーを先導している人物だと聞いてK氏は身構えていたが、委員長は温和な人柄で、話しているうちにK氏の緊張も解けた。

しかし、小一時間経っても、彼とのやりとりが自己紹介から抜け出せない展開に、K氏は少々苦心していた。

「あの、僕も委員長にお聞きしたいことがあって」K氏は何とか切り出した。

「何なん?」と、委員長。

「『かじゃ』って何ですか?」K氏は質問をぶつけた。

委員長は先の隊長と同様、かじゃの結成の経緯やメンバーのおもろい自己紹介などを話した。

「ありがとうございます。委員長ご自身はどのような集まりだと思われているのですか?」K氏は重ねて質問した。

「うーん、そうやなあ。よう、わからんねん。みんなそれぞれ、好きなことやってるだけやしなあ」と、委員長は困った顔を見せた。

「はあ」と、K氏。

「あ、総務に聞いてみて。そういうの、説明うまいから」

委員長はそう言って、隣のテーブルに向けて手招きをした。


総務と呼ばれる女性がやってきて、K氏の隣に座った。

それは、最初に隊長をK氏に紹介した女性だった。

「あなたが、かじゃの総務なんですか?」

「はい、そうです」

「なぜ、最初に言ってくれなかったんですか?」とK氏。

「私は諜報担当でもあるんで、身分は隠しておかないといけませんから」

冗談なのか本気なのかつかめない笑顔のまま、総務はさらりと言った。

K氏は、隊長や委員長に尋ねた質問を繰り返した。

「あの、『かじゃ』って何ですか?」

「さあ、私にもよくわかりません」と、総務はさらりと言った。

「そうですか」Ｋ氏は残念そうな顔をした。

「かわりといってはなんですが、日ごろ思っていることなら……」

総務は、話し始めた。

かじゃの正体!?① 得体の知れない楽しさ?

さっき、Ｋさんがおっしゃった「『かじゃ』って何?」という質問が、私にとっては一番困る質問なんです。

もしかしたら、メンバーはみんな、そう感じるかもしれません。

そもそも、私たち自身がよくわかってないんですから。

ただ、かじゃが「何を目的とした集まりなのか」とか、「本質的に何なのか」とか、そういう難しい説明は抜きにして、はっきり言えるのは「得体が知れないけれど、なぜか楽しい」ということです。


メンバーは、住んでいる地域も所属している機関なども違います。

そして、みんな、好きなときに好きなことをやっていて、何にも依存せず、メンバー各自が独立しています。

だから、自分の好きなようにやっていても、他人を巻き込まないし、逆に、好きなことをやっている他のメンバーにも干渉しません。

こんな独立性のあるメンバーが集まっているせいで、集団としては統一した特色が見えないし、そのせいで、得体の知れない集まりに見えるんじゃないかなと思います。


年齢も経験年数も違う人たちの集まりでもありますから、当然、先輩・後輩の間柄にはなるはずですが、みんな、互いに他のメンバーを尊敬しているので、上下関係のないフラットな、とてもいい関係が築けています。

例えば、委員長と広報担当は干支で二回り分、年が違うのですが、発言権の強いのは、明らかに年下の広報担当のほうだったりしますし。


集まりの特色が表に出なかったり、その目的が明確になっていなかったり、メンバーの所属も年齢も様々。

そんな得体の知れなさは、「何にでもなれる」ということでもあります。その可能性が所属するメンバーたちを楽しく感じさせているのかもしれませんね。

まあ「何をしでかすかわからない」最も危険な集まりだとも言えますが……。

かじゃの正体⁉②　地域愛あふれる集まり？

Kさんも、隊長や委員長からすでにお聞きになられたようですが、コミュニティFMの番組ジャックから「かじゃ」と名付けられています。

コミュニティFMは、地域に密着した情報を発信されています。特に、災害発生時にコアな情報力を発揮するということで、ネット社会の現代でも、改めて見直されていますよね。

それに、ラジオという媒体は、とっても魅力的です。

声や話し方などは、その人の人柄を知るうえでも重要なことですが、それらが直接耳にできるので、その分、話し手がすごく身近な存在に感じられますし。

でも、その一方で、ラジオだから、その人の顔は見えない。

そのアンバランスさがミステリアスに思えて、聞き手はラジオの向こうの人物をさらに知りたいと思うようになるのかなと思います。

実際に、話し手と会ったとき、聞き手の期待どおりだったのか、その期待が落胆に変わるのかは、大きな賭けでもありますが。

あ、つい、話が脱線しちゃったみたいで。すみません、話を戻しますね。

図書館は資料を収集・保存する場所ですが、同時にその地域や機関の活動の歴史を収集・保存しているともいえます。

一見、コミュニティFMも図書館も全く関係のないようですが、どちらも、地域や機関のコアな情報を収集して発信する中心的な役割を担う、いわゆる「プラットホーム」だといえます。

だから、コミュニティFMを介して、図書館に縁のある人たちが「かじゃ」という形で集まったのも、すごく自然な流れだと思うんです。

そして、コアな情報を持つ、コミュニティFMも図書館も、それぞれの拠点となる地域への愛にあふれています。

かじゃは最初、関西で結成されましたが、それが徐々に全国に広まっているのも、地域愛の強い図書館員がたくさんいるからではないかなと思っています。

名前の由来であるスタジオでの番組出演はもう果たしちゃいましたし、かじゃはもう解散してしまってもいいはずなんです。

でも、地域への愛にあふれる人がいるかぎり、コミュニティFMも図書館も元気でいられるはずだし、これからもかじゃの活動は続いていくんじゃないかと思います。

かじゃの正体!?③ マジメに思いっきり遊べるヒトビト?

もちろん、関西以外のメンバーもいますが、関西のノリで人を楽しませることができる人たち、言い換えると「マジメにアホなことができる」人たちが、かじゃに集まっています。

これは「マジメにバカなことをする」ということとは、少し意味合いが違います。

関西で使う「アホ」という言葉は、「無法者」という意味ではなくて、むしろ「愚かな」というほうが近いですかねえ。

メンバーはみんな、自分のダメな部分やイケてないところをちゃんと認識しています。そうじゃないと、アホにはなれません。

人に見栄を張らず、自分のアホさ加減をどれだけネタにして笑い飛ばせるか。

これは、どれだけお偉い先生にも、簡単にできることじゃないと思うんです。

この点では、かじゃのメンバーは世界最強です。


別の言い方をすると、「大人になっても思いっきり遊べる人たち」とも言えるかもしれませんね。

年を重ねると、世間体やらプライドやらにとらわれて、やりたいことに二の足を踏むことが増えてきませんか?

大人になって思いっきり遊ぶというのは、意外に難しいと思うんです。

そこを一歩先に進める人たちの集まり。それが、かじゃです。

メンバーが集まると相乗効果が生まれますから、その熱気のせいで、冬でも周囲の温度は2、3℃上がっています、おそらく。

先程からお話しした、ゆるく広く熱いつながりの中で、マジメに思いっきり遊ぶことで、思いがけない出会いができ、メンバーもいい影響を受けています。

交友関係がさらに広がって、英語多読のコラボを実現している人もいます。メーリングリストやデータの共有ソフト、ホームページなんかを管理したりすることで、今まで持っていた技に磨きをかけたメンバーもいますし。

「かじゃ」って、結構すごいでしょ?

え? 私ですか? そうですねえ、宴会での割り勘の計算と各種チケットの手配は、前よりうまくなったような気はしますけれど……。

コミュニティFMの番組とDr.ルイスがきっかけで、「かじゃ」が結成され、メンバーは繋がりました。

でも、当の本人たちはそんなことはすっかり忘れて、自分たちの興味のあることで、マジメに好き勝手に、思いっきり遊んでいます。

これからも、メンバーが何かおもろいことをやらかしてくれるんじゃないかと、総務としても期待してるんです。

エピローグ

「お話の内容はよくわかりました。ですが、『かじゃ』というものは、やっぱりつかめないままですね」

眉間にしわを寄せたK氏が、総務に言った。

委員長の携帯電話が鳴った。

電話の向こうでは、かじゃの東海地域統括と、顧問と、ウェブマスターが、名古屋の某所で飲み会中だという。

驚いたK氏は、しばらくその様子を見ていた。

が、ふと前の席に目を移すと、いつの間にか、総務の話に出てきた広報担当が座っていて、K氏に興味津々な眼差しを向けている。

その後も、かじゃの各担当が入れ替わり立ち替わり、K氏のもとにやってきた。

さすがのK氏も、メンバーの熱い話に圧倒されどおしだった。

宴が終わり、K氏が宿泊先のホテルにたどり着いたころには、日付が変わっていた。

かじゃが強力なパワーを持っていることは、今回の調査で、K氏も十分すぎるほど感じた。

「もしかしたら、本当に全国制覇を成し遂げてしまうかもしれない」

K氏は、そう考えざるをえなくなっていた。

そんな疑念を振り払うかのように、潜入した大阪での出来事を報告書にまとめ始めた。

ふと、朝の光が差し込んでいるのに気づいた。K氏は、机に伏した格好で寝てしまっていたようだ。

パソコンの画面には、新着メールを示す通知が来ている。

K氏がメールを開くと、かじゃの委員長からであった。

講演会と懇親会への参加に対するお礼の文面が続いている。

そして最後に、こうあった。

「Kさんも、かじゃに入会しませんか？」

（続）

※　このミステリーに登場する、K氏や関西での宴は架空のものですが、「かじゃ」は実在する図書館関係者の集まりです。

図書館とラジオ、そしてメディアの可能性

河西　聖子
（京都府立大学京都政策研究センター／精華町）

ラジオとの出会い、その魅力

ＦＭラジオを聴き始めたのは、高校３年生の夏でした。部活を引退して受験一色！となったときに、勉強しながら聴けて、かつ楽しい、それがラジオでした。やがて大学生になり、初めてコンサートに行き、大好きなアーティストが同じ空間にいて大好きな曲を歌ってくれることに感動し、ライブの楽しさに出会いました。就職できなかったときには心の支えになり、趣味の読書が仕事になったときには、音楽はすっかり私の中心になっていました。就職後はいろいろなライブに行くようになり、音楽友達が増え、今も楽しみのひとつになっています。

ラジオのいいところは、声だけで伝えるところだと思います。それはマイナス面のよう

に思う方もいるかもしれませんが、情報量が少ないとそれだけ想像力を働かせるので、かえって広くて豊かに感じると思うのです。活字の世界がときに映像より豊かに自分の頭の中で展開するように。また、ラジオから流れてくる音楽にピンときてCDを買う。音だけで出会うことは、アーティストの容姿というフィルターを濾さずに音楽自体を評価できるので、とても公平な気がしました。改めて写真を見て、想像どおりと思うときもあるし、意外なときもある。それもまたおもしろいものです。今ならYouTubeでPVを見たりも簡単にできますが、昔はラジオから流れる曲を録音して何回も聴いたりしたものでした。

また、自分の名前（ラジオネーム）が読まれたとき、そして好きな曲が流れる瞬間はとても嬉しかったです。考えてみると、その曲はCDで持っていたりして自分では聞けるのに、ラジオで流れるというのは特別な気がしました。自分の好きなものをたくさんの人に聞いてもらうことが嬉しくなるのでしょうか。ある意味双方向のメディアなのだと思います。いつ読まれるか、読まれるかどうかもわからないというのもドキドキを加速させました。ラジオのDJは時にアーティストの話を引き出すプロデューサーのようであり、時にリスナーの代表者として身近であり、アーティストの架け橋になってくれていました。考えてみれば、これも図書館の司書につながるように思います。そして同じ番組を聴くリスナーどうしは、不思議な仲間意識があったように思います。

コミュニティFMで全国へ発信

Dr.ルイスは、ラジオの中でもコミュニティFMであるエフエムかしまで、週1回・30分の番組「Dr.ルイスの〝本〟のひととき」を担当されています。コミュニティFMは、放送・対象地域がひとつの町など地域密着型のラジオです。私が育った地域では無かったので、AMラジオのKBS京都をまず思い出し、さらに全国放送が国で、コミュニティFMが市町村、というようなイメージを持ちました。そんなコミュニティFMですが、現在ではインターネットで日本中どこでも、あるいは全世界から聴くことができるのです。だからこそDr.ルイスの、日本中の図書館員が登場するというコーナーが活きてくるのだと思います。地元の方への情報提供であり、かつ日本中の図書館員が聞くきっかけになる、またPRになるという拡がりのあるコーナーになっていると思います。

Dr.ルイスとの出会い

私がDr.ルイスと出会ったのは、2013年1月に大阪で行われた「図書館界の不思議なあれこれ」という講演会だったと思います。参加するか迷っていたのですが、現「かじゃ」の岩本委員長からも勧められ、なんとか仕事を切り上げて大阪へ向かったのを覚えています。

お話を聞いてみると、鹿嶋市役所へ事務職採用で入庁し、人事課や企画課など、市のいわゆる中枢の課で勤務しながら、図書館へ異動後その魅力にとりつかれ、図書館長として勤務、大学院で勉強もされたとのこと。司書としての採用ではないところが自分自身と重なり、また元々司書でない方が図書館の魅力に気付いてもらえたことが嬉しかったです。懇親会などでお話ししたり、著作も読んだりして、Dr.ルイスの「図書館は人である」という信念にうなずき、自分自身の仕事の仕方についても考えさせられました。

最初の出会いからしばらくして、ラジオにもお誘いいただきましたが、目立つことが好きではなく、〝ラジオでしゃべるなんてとんでもない〟と思ったため、一旦はお断りしてしまいました。しかし、岩本委員長が出演されたことと、精華町や図書館をPRできる機会を個人的な苦手意識で逃していいのかという思いもあり、２０１３年11月に京都府初のゲストとして出演させていただきました。それが「かじゃ」、そしてこの本に繋がっていきます。

ラジオからの繋がり

「かじゃ」は、Dr.ルイスのラジオがきっかけで繋がった仲間です。ラジオに出演しただけでなく、実際に鹿嶋市に行こうという思いから「かしまジャック実行委員会」という名前になりました。このラジオがなければ鹿嶋市に行くことはなかっただろうと思います。ラジオが無ければ出会えなかったかもしれない方たちと一緒に鹿嶋市に遊びに行けたこと、地元密着型のコミュニティＦＭの現場を見ることができ、ラジオに出演できたことはとてもいい経験になりました。

ラジオに出た前後には、Dr.ルイスのプロデュースで市内を案内していただいたり、関東周辺の図書館員の方と交流したりすることができました。私は当日会った関東チームのおひとりである埼玉県飯能市立図書館の方のお話を聞き、翌日にその図書館へお邪魔したりもしました。ちょうど埼玉県に行く予定だったこともあるのですが、このフットワークの軽さが自分らしさだと思います。飯能市立図書館は、地元の木材を使った素敵な図書館で、展示の仕方やカーリルタッチの活用方法など学ぶことの多い図書館でした。さらにそこで偶然来館されていて紹介していただいた方から、後日「図書館雑誌」の「れふぁれんす三題噺」への寄稿を依頼され、２０１６年3月号に精華町の記事を掲載していただくことになったのですから、何が繋がるかわかりません。今現在は図書館から離れていますので、あのタイミングでしかできなかったことだと思います。

精華町立図書館のメディア発信

さて、みなさんは精華町をご存じでしょうか。精華町は京都府の南西端に位置し、古くから農業の町であり、１９８０年代以降は関西学術文化研究都市の中心地として、また京都・大阪のベッドタウンとして発展してきました。図書館関係の方には、国立国会図書館関西館がある町と言うと、インパクトがあるのではないでしょうか。私は引っ越しを何回かしながらも、小さい頃から概ねこの地域で育ってきました。新興住宅地育ちとはいえ、気付けばまさに「ふるさと」と言える思い入れのある地域です。

精華町立図書館は、1973年に精華町文庫から始まり、移動図書館、体育館の一室、独立した建物へと発展し、2001年に新館開館したのが現在の図書館です。生涯学習・文化活動を支える拠点として、町民の教育と文化の発展に努め、暮らしに役立つ図書館をめざして活動しています。

精華町立図書館のメディアによる発信を考えてみると、まずは紙の広報が挙げられます。昔ながらではありますが、行事への申込みのきっかけを見てもいまだ重要で、裏面が図書館のページになって以来、机に置かれても目に入るベストポジションとして約10年間キープして本の紹介などを行っています。

そして、次はやはりインターネットの活用です。配属当初は単独ホームページが無かったのですが、町内のITボランティアさんの力を借りて作成し、ホームページビルダーで職員も更新できるようにしていただきました。スタイリッシュとは言えなかったかもしれませんが、随時の情報発信を心がけ、検索やインターネット予約などができる単独ページを持つ町立図書館は周囲にそれほど多くなかったころに、少しは利便性に貢献できたのではないかと思います。その後、町ホームページの更新と合わせて、町ホームページとの連動と更新の統一化、アクセシビリティの向上などのために、町ホームページ内のページとなりました。本の展示やリストの発信を増やすなど、少しずつ内容を充実させてきています。来館される方はもちろん、インターネットでの情報発信もサービスのひとつとして大切だと考えています。

インターネットによる情報収集と発信

ここ20年ほどで急速に広まったインターネット。私自身よく使い、情報収集を行ってきました。今や多くの方がスマホでインターネット検索をしています。インターネットの良い点、悪い点は様々なことが言われていますが、今まで出会えなかった人や情報と出会えること、誰もが情報発信できる機会を持てることは大きな魅力だと思います。

特に現在はFacebookなどのＳＮＳが情報収集やつながりの大きな役目を果たしています。図書館としてはできていませんが、個人的にはとてもお世話になっており、図書館界の動きはまずインターネットで知ることが多いです。またＳＮＳのつながりがあったからこそ、図書館のことで相談にのってもらったり、精華町に訪ねてきてくださったりすることがありました。

日本各地、世界の図書館巡り

過去の自分から考えれば、こんなに旅行好きになるとは思っていなかったのですが、現在の私は全国の図書館を巡るのが大好きです。やはり話に聞くのと、行って自分の目で見るのとは大違い。本当を言えば住んで利用するのが一番わかるのですが、それはなかなか難しいので、訪れてじっくりと見学することを自分の旅行の一部にしています。これまでに訪ねた図書館は国内外で約１５０館を数えます。

誰もが無料で利用でき、雨風や暑さ寒さも回避でき、トイレも、そしてもちろん情報もある。考えてみれば、図書館は旅行で立ち寄るにはぴったりの施設だと思います。しかも全国の図書館に知り合いが増えた現在では、地元の図書館の方に事前に連絡すると、見どころを案内してもらえたり、おいしいお店を教えてくれたりします。さすが地元のプロであり情報のプロである図書館員、はずれがありません。「何もない」町はない。地元ならではの愛するものがあるものです。遊びに行くだけで喜んでもらえる、そんな図書館員のネットワークをとても嬉しく思います。私も訪ねてきてくれればとても嬉しいです。

近隣はもちろん、こうした図書館巡りを兼ねた旅行で、訪れていない都道府県は残りあと4県まで迫ってきました。1県ずつ調べながら楽しみに回っています。どの図書館も参考になることがあり、新たな発見があって飽きません。また日本だけでなく、外国旅行をしたときにも時間があれば図書館へ立ち寄っています。時に入れてもらえなかったり（研究目的のみの利用施設であるため）、思いがけず利用者登録をするか聞かれたりしながら、日本の本を探したり、本の種類や並べ方、家具やカフェなどの共通点や違いを見て回るのがおもしろいです。

先日、インド旅行をした際には、現地に仕事で派遣されているデリー在住の図書館員の方を紹介してもらって訪ねていきました。その方の案内のおかげで、市立図書館では、図書館のゲストブックにサインをしたり、私たちの図書館のホームページを開いて写真を見てもらったり、利用についていろいろとお話を聞いたりとコミュニケーションが取れ、最後には職員みなさんで写真を撮るという充実した見学ができました。その方を紹介していただいたのもＳＮＳの繋がりからで、行くまでの連絡も、インドと日本という距離を越えてＳＮＳでした。

現在、そして未来のこと

私は今、16年間働いた図書館を離れ、京都府立大学京都政策研究センターへ2年間出向しています。ちょうどDr.ルイスが図書館に配属になった歳と同じ40歳。転機の年です。町を代表して、しかも大学の包括協定先からの初の派遣職員として行っていますので、私の責任はとても重いと感じています。この2年間、大学や地域に貢献し、自分自身の力をつけ、人脈を作って、町へ帰ってそれを活かせるようにと学ぶ毎日です。

図書館を離れ、町を離れて、全く違う場所に身を置くことで見えてくる世界。組織の違いと共通の部分、全国でがんばる仲間がいること、市民との協働の重要性、政策提言までの積み上げなど、この数か月だけでも気付いたことがたくさんあります。そして、図書館の専門的な知識、精華町での現場で働いていたことが、ひとつの強みでもあるのではとも気付きました。これからも毎日を大切に、仕事に、そして仕事以外にも取り組んでいきたいと思っています。

ラジオ・かじゃ・すてきな出会い

高橋　彰子
（NPO法人大きなおうち・大磯町立図書館）

かじゃへの道

私が現在所属するNPO法人「大きなおうち」は2009年に設立されました。当時の現役職員、臨時職員、職員OBの5人で設立準備、その後ボランティアの方が加わり、13人での設立総会でした。大磯町立図書館のカウンター業務の委託が臨時議会で決まり、その業務を受託するために、何もないところから設立総会まで1か月。最短記録なのではないかと思うくらいの勢いでした。結局、図書館業務を受託することはできませんでしたが、図書館利用の普及や読書推進を目的として設立したこのNPO。目的を達成するために、共感してくださる仲間（会員）を増やし、会員からいただいた会費で運営しています。現在理事8人、事業委員13人（理事8人を含む）がスタッフ（ただしボランティア）として動いています。詳しくはWeb(1)で。

図書館をいかにサポートしていくか、臨時職員として9年の勤務経験でしたが、わからないことばかり。このままではいけないと、いろいろな研修に参加し始めました。

これが、かじゃに吸い込まれる運命の始まりでした。

とある講座でI委員長と知り合い、また別の講座では講師がDr.ルイス。そしてかじゃメンバーの何人かとの繋がりもできました。

そして運命の時。

関西でDr.ルイスのラジオ出演者が集まり「かじゃ委員会」なる組織を作り、そのメンバーでスタジオに行こうという話をしているとメールがありました。なんだか怪しげな……と思いながらも関東人としては社交辞令で「なにやら楽しそうですねぇ」と返したところ「妖しと魅惑のかじゃワールドにようこそ~☆」。

そして「かしまジャック」へ……。

「Dr.ルイスの〝本〟のひととき」出演（2013年）

Dr.ルイスが大磯へ来てくださり、いろいろな情報交換をさせていただきました。その時の産物は、「大きなおうち」の事業としてDr.ルイスの講演会開催と図書館視察で潮来、鹿嶋へ行くことが決まったこと。そして、ラジオ出演。

「大きなおうち」スタッフの一人が「ほら、やっぱり〜。ぜったい大きなおうちがラジオに出ると思ったんですー」と。当会の講演会に来てくださったこともあり、面識のあったかじゃ委員長のラジオ出演。それから、別のかじゃメンバーがスタジオ出演してから大磯へ来てくださったこともあり、彼女は密かに、ラジオ出演の野望をもっていたようです。ラジオで全国のたくさんの図書館人の話を聴くことで、スタッフの気持ちに変化があったように思います。自分たちの活動を多くの方に知ってもらうためには、スタッフ一人ひとりが会の広告塔にならなくてはいけない。その後、彼女も出演の機会をいただき、しっかり自分の活動を伝えていました。

かじゃメンバーに助けられ

2015年9月、現役メイドとして、カルチャーカフェで働く高橋ミソノさんの講演会「ドキドキワクワクを提供する図書館」は、かじゃメンバーのおかげで実施できました。

〝東京で仕事があるからこの機会に行きたい所がある〟と誘っていただいた所が、秋葉原のカルチャーカフェ「私設図書館　シャッツキステ(2)」。

誘ってもらわなかったら、きっと一生出会うことのない場所だろうと思いながらついていきました。ミソノさんの穏かな雰囲気の中に、司書としての強い信念を感じました。図書館がコミュニケーションの場を提供し、司書は人の心に寄り添い、人と本をつないでいく。シャッツキステという特別な場所だけのお話ではなく、それぞれの立場にあてはめられることだなと思い講演を……とよぎりました。でも不安はありました。メイドさんのお話と言って、大変なことにならないか……。でも一緒にいたかじゃ委員長は公共図書館勤務の大先輩。「おもしろそうやん！」という言葉に後押しされ、その場で講演を依頼。

当日も遠方から4人で応援に来てくださり、大活躍してもらいました。

なにやら怪しげな人の集まりだわと思っていたかじゃに大いに励まされ、助けられている今日この頃です。

NPO法人「大きなおうち」の事業

「大きなおうち」では、親子で楽しむわらべうた、工作教室、読書会、講演会など年間30程度のイベントや郷土を紹介するDVDの作成、図書館や他団体主催イベントへの協力などを行っています。

私も含め数名が実際に図書館で働いているスタッフなので、この活動も図書館員としてのプライドをもって、今図書館に何が必要か考え実施しているつもりです。普段図書館を利用しない方の来館を促すようなもの、図書館の意義を伝えられるもの、何より私たちも楽しく学んでいかれるもの、設立当初から様々な催しを実施してきました。

また、その事業がボランティアでもいいと思われないように、現状はボランティアではあるけれども、大袈裟かもしれませんが図書館の専門家として実施できるよう努めています。スタッフが仕事としてお金には代えられない喜びを味わえるように、またこの人たちにならこれだけのお給料を払ってもいいよねと思ってもらえるように、図書館員の価値を上げていかれたらと思うのです。

図書館員研修事業として、図書館視察や毎月の勉強会があり、実際の業務にも生かしています。会としてではなくスタッフそれぞれ一個人としてではありますが、業務の改善の提案なども行っており、取り入れてもらったこともあります。

ボランティアや利用者の意見もうかがうことができるので、働いている者だけでは思いもよらなかったことがあったりと、よい勉強になっています。またボランティアの方にとっても図書館の仕事を理解していただくいい機会となっています。

単なる応援団ということではなく、積極的に司書と図書館オーナーとしての市民が協働して図書館を育てる団体でありたいと思います。

「図書館・本・すてきな出会い」

設立当初に参加したNPO関係の研修会の時に、先輩NPO法人の方々に口を揃えて言われたことが、最初から世代交代を視野に入れ活動していくことでした。人手不足、資金不足、会員の高齢化など抱えている問題はどこの団体も同じようです。あっという間に7

年が過ぎ、当会ももれなく同じ問題を抱えています。

これを解決するためには、私たちの活動に共感してくれる仲間を増やすしかありません。当会のミッションは「図書館・本を通じて出会いを創造する」です。「出会い」というものが活動を広げ、様々な問題を解決していく糸口になる、最近特に感じることです。

Dr.ルイスは最初に大磯にいらした時から、「図書館に消防車がある」ということが気になって気になって仕方ないご様子。我が図書館の児童コーナーからは消防車が見えます。展示品のように。実は消防の分団が併設されているので、本物！　いざという時は出動するのです。先日は車大好きっ子が、ちょうど点検で車庫から出ている時に出くわし、乗せてもらえたと喜んで図書館に来ていました。

ラジオ出演時も消防車の話をさせていただきましたが、私としては特段思い入れもなく……。しかし、ラジオ出演後に「消防車が見られる図書館、行きたいと思ったリスナーも多いはず。私も必ずお伺いします」と嬉しいコメントをいただいたり、近くにいらした時に寄ってくださったりする方も数人いらっしゃいます。Dr.ルイスが消防車に食いついたこと、そしてリスナーがそれに反応したことで、ここがPRポイント!?と気づき、今では見学に来る町内の子どもたちにも「珍しいんだゾ！」と偉そうに語っています。

ラジオを通して地域も館種も様々な図書館員が繋がり、そのご縁で遠く離れた田舎の町へ遊びに来てくれる。大磯へ遠くからお客様がくるという状況を「大きなおうち」スタッフは不思議がっていましたが、いつからか、自分たちの図書館が見られるということを意識し、せっかく来てくれた方にしっかり大磯を知っていただくようにおもてなしをしています。

そしてPRの重要性もここから教わったように思います。

クラウドファンディングに挑戦

2015年の「第3回大磯人形劇まつり」の開催は決まっているが、資金がない。どうする？ そんなとき、クラウドファンディングReadyforから案内のメールがきました。「子どもに関する活動を掲載して資金を集めませんか？」と。子ども応援キャンペーンをやっているのでどうかとのことでした。

劇団の方は〝手弁当で〟という話で引き受けてくださっているのですが、いつまでも甘えてはいられないし……ひとつ頑張ってみようかということでチャレンジしてみました。

スタッフたちは反対こそしないものの、代表がまた訳の分からないことを始めた、本当に資金が集められるのか……そんな様子でした。でも、少しずつ支援が集まってきたり、タウン誌の取材を受けたりしたことなどによって、他人事（初めから他人事ではいけないのですが……）ではなくなってきたようです。プロジェクトのサイトをコピーし、自分の知り合いや地元商店などいろいろな方に配り歩いたり、この期間に実施した催しの際も大いに宣伝したりしてくれました。

厳しい状況ではありましたが、各地の図書館関係の皆様のアドバイスやご支援のおかげで、何とか達成することができました。

またスタッフの頑張りのおかげで、ウェブはちょっと……という方が、直接くださったりしたこともあり、20万円を超える寄付をいただきました。

資金が集まったことも嬉しかったのですが、大磯に縁のない図書館関係の方々の応援、タウン誌などをご覧になった利用者の方々が声をかけてくださり、資金以上の宝を得ることができました。

図書館を通じて繋がる仲間と

平成28年度の事業計画を立てる際、また人形劇まつりの予算について問題になりました。今年も頑張って寄付を集めよう、では、いくらを目標にするかと問いかけたら、迷うことなく昨年クラウドファンディングで12万円支援していただいたので、最低同じ金額を集めるという答え。今までにない意気込みを感じました。また当会は人形劇だけではないので、当然、当会の趣旨に賛同してくださる会員も募集しなければなりません。あまり積極的に勧誘することをしてきませんでしたが、今年は違います。

手始めに5月、180店舗以上が集まる大磯市《いち》にPRブースを出し、当会の案内等を配布。来場者にはもちろんですが、スタッフそれぞれ近所のブースの方と仲良くなり、知り合いの出店者などにも積極的にPRしていました。

自分たちが動けば動くだけ、いろいろなことが広がっていきます。

昨年のタウン誌をきっかけに、人形劇に協賛してくださった方が、今年会員になり、またその方が別の方を誘ってくださるという嬉しい連鎖も。

一歩図書館の外へ出ると、図書館を知らない人のほうが多いことに気づきます。他の団体主催の事業に呼ばれておはなし会や工作等を行うこともありますが、図書館へ来たことがない方も多いです。私たちは必ず本の紹介や、図書館の紹介をしてきます。

ミニデイサービスの会場が図書館分館と同じ建物内、入口の前を通って会場に入るような状況でも寄っていただけない。けれど、こちらから定期的に出向くと〝こんな本はないかしら〟と切り抜きを持ってきてリクエストをしたりしてくれます。以前から近所の方にも〝図書館があることを知らない方が多いよね……〟という話をしていましたが、先日は分館の隣の建物の方に、〝こんなところに図書館あったんですね〟と言われ、〝やっぱりそんなものだよね〟とがっかりしました。まだまだ足りない。私たちNPOだからこそ、外へ出て行き、たくさんの方に図書館の存在意義をPRできるのではないかと思います。

もっともっと図書館を知っていただくチャンスは身近にある、そう「Dr.ルイスの〝本〟のひととき」や「かじゃ委員会」に教えてもらえました。

まだまだ「出会い」はたくさんあるはず。その「出会い」を逃さないためにも大磯の仲間と、遠く離れてはいますが、なんだかいつも一緒にいるような「かじゃ」の仲間をはじめ、たくさんの図書館関係の皆さんとの繋がりを大切にし、しっかり学び続け、図書館を広めていきたいです。

〈注〉

(1)ＮＰＯ法人大きなおうち　http://ookinaouchi.web.fc2.com/

(2)私設図書館シャッツキステ　http://schatz-kiste.net/index.html

鬼に角あり、薔薇に棘あり

千邑 淳子
（LCO株式会社）

自己紹介「ニックネーム『鬼』から『ロージィ』へ」

かじゃ委員会のゼロゼロナインとして東海地区統括を担い、ニックネームは「ロージィ千邑」。日常はライブラリープランナーとして大学図書館に勤務しながら、マイクロライブラリー「kiki.s.microlibrary」を運営しています。職場では、図書館業務受託者として2キャンパスの閲覧業務と雑誌業務を取りまとめる統括マネージャーで、ニックネームは「鬼」。

「鬼」と呼ばれる私も、そう呼ぶ図書館司書クルーたち（私たちは一緒に目的地に向かう船のクルーという意味でスタッフを「クルー」と呼んでいます）もいたって健全で〝笑顔〟をモットーに仕事をしています。クルーで運営している司書の日常を記事にしたブログ「司書達よ！書を抱き街に出よう！」は２０１５年図書館総合展のポスターセッションでも紹介させていただきました。

職場での勇猛なニックネーム「鬼」の由来を自己分析してみると、これをやるなら〝今でしょ〟とすぐに実行に移し、付いていくのが大変で鬼のようだということらしいと薄々思っていることとか、これは〝おかしいぞ、理不尽ではないか〟と感じるとボルテージが上がり、〝フルスロットル！〟状態なので、誰彼構わず、深呼吸もせずに、例えば、「先生、私は怒っています」と言い放ち、本人は全く後悔しないために周りが冷や冷やするばかり、この辺りかもしれないと反省の念も込めて、最近は少したおやかさを身につけたいと思い、かじゃ委員会では柔らかな言霊を意識して、棘はありそうだけど「ロージィ」と自称しているわけです。

私と仕事「再び、大学図書館に戻ってくるまで」

２０１６年度を迎え、大学図書館勤務年数が通算18年目になりました。大学卒業後、約３年間を大学職員として大学図書館勤務、出産のため退職後はしばらく３人の子育てに没頭した後、社会人大学院生として大学という場に戻りました。

修士課程修了とともに、文書館に1年間勤務。この文書館では研究者のために古文書の下読み・解題を主な仕事としていました。襖の中から出てきた旧家文書、某老舗デパートの文書、など、膨大な点数の貴重な文書を手に読む、マイクロフィルム撮影補助をする日常。また、暑い夏のお寺で何百年も経過した文書には虫食いの後は全くなく、それが文書に挟まれた唐辛子の効き目であることを目の当たりにし、唐辛子は凄いと妙に感動したり、短い期間でしたが、興味が尽きないものでした。東海豪雨の影響による市の予算削減で、新人で実力もない私は切られました。

しかし、ここで培ったものは決して無駄ではありませんでした。文書の扱い方を学んだのは勿論ですが、〝人は皆、同じ体積〟であることを教えられ、後に、どうも自分が思っている自身のキャラと他人が感じるキャラは別だと知ったことは案外に意味深いものでした。必死の形相でなかなか読めない文字と戦っていた記憶があり、「みなさんは凄いですね。私は駄目です」といつも暗く、寡黙なキャラでいたつもりですが、久しぶりに会った当時の先輩からは「相変わらず、げ〜んきだね」と強調した長呼で言われ、「相変わらず？」とあまり自覚がありませんでしたが、まぁ、いつも元気がいいのは健康で大雑把（生みの親曰く）な性格に産んでくれた親に感謝しなくてはならないかもしれません。そして、時には、仕事・子育て・家事の時間差攻撃に鳴門の潮のようにうず巻き込まれ、うまく立ち回れないで落ち込む私に、これまた先輩が「人は皆、体積は同じよ。私は長年これをやっているから、ここでは凄く見えるかもしれないけど、家へ帰れば、あなたはしっかりと子育てもしているでしょ。同じ、同じ」と、ＴＰＯで直方体の６つの側面のどこが見えているかだけだと励ましてくれました。この考え方はかなり私のその後に影響しています。

先輩からは威勢がいいように見えたかもしれませんが、当時は末っ子の保育園へのお迎えが夜空に月が浮かぶ頃になり、担任の先生とふたり、玄関で膝を抱えて待っている我が子を見つけホッとするやいなや、「おまえはまじょか！」と目に涙を浮かべ、睨まれる始末で、心を痛めることもしばしばでした。でも仕事を辞めないのが私。あっ、末っ子にとっては、お月さまは世の中で一等怖いもののひとつでした。いたずらをすると「お月さんに電話をするよ」と脅していたものでした。実はこの息子から〝まじょ〟呼ばわりされたのが、運営しているマイクロライブラリーの〝kiki〟の部分の命名につながっています。息子に寂しい思いをさせても頑張った時の互いの気持ちを忘れないように『魔女の宅急便』の魔女〝kiki〟をイメージしています。

さて、人員カットの憂き目に合った私は、再び、大学図書館へ戻ることになったのです。約2年間を派遣社員として、その後、図書館に新館が増設され、さらに新しいキャンパスに図書館が設置され、業務受託会社が途中で変更になる中、継続して統括的な立場で13年目を迎えている現在です。

私と仕事「アウトソーサーとしてのジレンマ」

〝小泉政権の影響で〟と言って良いでしょうか、直雇用でない派遣が流行りだした頃に、図書館の仕事に復帰しているわけですから、ほぼ、世情に流されているように思います。実は子育て没頭時代に「図書館に戻らない？」という大学人事課からのお声かけがありました。勿論、正規職員の条件を提示されました。多少迷ったものの、理由はともあれ、丁重にお断りしました。この経験があるために、図書館の仕事へ戻るということは、時代が変わっても当たり前にその大学に所属することだと思い込んでの浅はかな再スタートです。

２００７年に日本テレビ系で放映されたドラマ『ハケンの品格』では、篠原涼子さん演じるあらゆる資格を保持した特Aランクの派遣社員である「大前春子」が正社員よりも有能に、かつ残業は一切しないという一本筋の通った派遣スタイルで会社のために働く姿に「スカッとするわ〜」と毎週、逃さず見ていたものでした。反面、エンディングで流れていた中島美嘉さんの歌う『見えない星』の「私はいつも無力で〜」のフレーズを聴くと、なぜか切なく、自分のことのように思ったものです。

というのも、ちょうど、そのドラマがヒットしていた頃、拡大していった業務の受託内容、いわゆる受託業務仕様書の内容も最大に膨らんでいました。皮肉なことにも受託会社の視点で言うならば、粗利益が全国でも全社トップクラス。アメリカ人ＣＥＯが表敬訪問するに至ったのですが、わざわざレンタカーのベンツでやってきたのには驚きを通り越し、「鬼」の角は隠しようもなく、「図書館のことをしっかり学ぶ体制で会社が取り組んで欲しい。粗利益も大事だが、スタッフの時給をもう少し上げられるでしょう。あなた、スタッフを駒だと思っているでしょ！」とご意見申し上げたら、彼は急にアメリカ人に成りきって、日本語がわからなくなってしまいました。英語でアタックすれば良かったのですよね。「Nonsense!」

まぁ、当たり前に粗利益を上げることは企業活動を継続して行く上で重要な要素の１つだと思います。が、私は人を育てることは大事、もう少し言及すれば、人に投資することによって、企業も伸びると思っていたからです。特に図書館はそこで仕事をする人で決まるものです。これは、Dr.ルイスの受け売りでも何でもなく、私自身が強く確信していたからです。

さて、ここで私はこのA社で働き続けるのは辞めようと決意したものでした。あいつをベンツに乗せるためにやる仕事だけはしたくない！と。

表敬訪問のあった同じ年度に、某図書館協会で『アウトソーサーから見た業務委託』として事例報告し、「どんな料金でやってくれるかではなく、何をしてくれるのか、どんな社風を持っているか、を吟味してパートナーシップを組んで欲しい。でも派遣や業務委託が良いとは言っていない」と報告を締めくくりました。「ご清聴ありがとうございました」の後、しばらくシンとしてから拍手が沸き起こった記憶です。どんな意味の沈黙と拍手だったのか、今でも時折、あの時のことを思い出します。まぁ、「今の会社を辞めてもいいわ」というつもりで行った、その時の私の精一杯、渾身のプレゼンでしたから。

そして、その事例報告の1年余り後に、現在の会社に入社。「Luck is coming Our way」から取った社名「LCO」（エル・シー・オー）という会社の図書館事業部で同じ大学図書館の業務受託を引き継ぎ、自身が統括をするものの、前社とはビジョンが全く違う、型破りな業務受託が始まったのです。

私と仕事「型破りなアウトソーサー」

今の会社では新しいスタイルの業務受託として、提案力のある、企画力のある業務受託を目指してきました。いわゆる業務マニュアルどおりに動くロボットのような司書を生産しないこと、大学の理念や図書館の目標、はたまた会社のビジョンをしっかりと認識して自分で考えて仕事をできる人を育てたかったのです。うんと成長した方にはこの業務受託という〝浮島〟に留まることなく、いろいろなところで活躍して欲しいという、まるでマッキンゼーのような会社です。先にご紹介したブログのタイトルはこの精神に満ちています。司書の新しく多様なキャリア形成を目指したいと願っています。

その成果の1つとして、資料の保存・修復の別部門も細々ながら順調に成長し、図書館エントランスで行っている「修復のデモンストレーション」は立ち止まり修復をじっと見る人、自分の大切な本を修理したいという相談に来る人、資料保存のキーステーションになってきました。

さて会社代表が、仕事に対する姿勢が人によって異なる例として、古代ギリシャ時代の三人の石工職人の話を、入社して仲間になったクルーには必ず話します。それはこんな話です。

ひたすら石を切る仕事を同じ給料で働く三人の石工職人たち。そこへ一人の旅人が「あなたは何のために石を切っているのですか？」と尋ねます。一人目の職人は「お金をもらうためだよ」、二人目の職人は「将来、腕のいい職人になるためだよ」、三人目の職人は「これから何百年も訪れることができる立派な教会の土台になるのだよ」と答えます。時給で働いていようが、月給で働いていようが、年俸で働いていようが、それに関係なく、仕事に対する姿勢は人によって異なると思います。一人目の職人のように仕事の内容にはこだわりなく、生活のために働く人、二人目の職人のように仕事に誇りを持ち、お金以上に価値を見出して働く人、三人目の職人のように多くの人が喜ぶことを思いながら働く人と様々です。お金のために働くのが悪くもなく、ただ、図書館で働く人においてはやはり、三人目の職人を目指して欲しいと願います。アウトソーサーは周りを本当の意味で幸せにするプロ集団であるべきです。

そして、業務受託会社は「ＷワークＯＫ！」なんていう募集広告は出さないで欲しいと切に願います。本当の意味でのアウトソーシングのあり方を創出していくためには、会社は世の中に貢献することを忘れてはならないと思います。

私と仕事「一生懸命にやってきたことが」

ここ10年近く、大学図書館で私が一生懸命に取り組んできたものに利用教育がありま す。大学における利用教育とは入学から卒業まで、図書館を有効に使っていけるように学生に〝図書館っていいいな、使えるな〟と思ってもらうことが一番の狙いです。内容的には図書館ツアーだったり、本の貸出体験だったり、情報や文献を収集する体験だったり、様々です。

その大切な仕事を「私たちにはできない」という専任職員数名と業務受託者側は私一人という圧倒的に不利な状況で話し合いが進められ、こちら側がやることになったのです。「大学生と直に触れ、コアな仕事をやりたくないのですか？」という言葉は何の効力もなく、多分、今までやっていないことをなんでやらなくてはならないのか、その代わりに今までやってきたことを取られたくないという、単純に現状維持したい気持ち、人間になら誰にでもある意識だけが作用したのだろうと推測しました。大学は、今、生き残るために、特徴のある教育を打ち出さなくてはいけないだろうに。元鳥取県知事、元総務大臣、ベスト・ファーザー賞（２００５年）受賞の片山善博さんが発言された「図書館は民主主義の知の砦」「万人の知的自立支援をサポートする場所」は、大学図書館もしかり、教員の研究支援は勿論、大学のアドミッションポリシーを意識しながらも、18歳で入学してきた若者を４年後に卒業する時には様々な情報を取捨選択し、生きていく力をつけて飛び立ってもらう、これこそ若者の自立を支援することだと思っています。

そして、悲しかったのは、既得権を持った人を守るためのコスト管理のために、私たちは存在しているのだと私自身が感じてしまったことです。そこから引きずるように、大学ではキャリア支援を学生にしているのに、学内に存在する非正規職員についてはどうでもいいらしいことにも気づいてしまったのです。所詮、現在あちらこちらで行われている図書館「業務委託」というアウトソーシングはコストを落とすためであって、プロ集団に専門的なタスクをしてもらうために行う意識があるものではないことがわかります。

この馬鹿げた現状に波動を起こすにはどうしたら良いのかと思った時、〝１００年に１人の逸材〟である私は、「どうせやるなら成果を出しましょう」と、年に数回しかオーダーのなかったといわれる利用教育を約3000人の新入生が全体の3分の2は受講するほど、予約が取りにくい人気のある利用教育にまで持っていったのです。

しかしながら、こんなに効率を上げているにも関わらず、コスト的な指標がないのが図書館業務なのです。利用教育を受けた新入生がいかにその後、学生生活を有意義に、かつ良い成績を残し、そして卒業後も意思を持って世に貢献しているかなどは掴みづらいものです。もし、受講数増加だけでなく、コストメリットが明確にできるのであれば、受託側と委託側で利益配分する仕組みを契約したいものです。

この目に見えない効果は受講学生や担当教員との交流を生み、また利用教育の成果を肌で感じるようになり、現在では若手のクルーが携わるようになりました。皆、図書館の良い印象づけをする責務に緊張感を持ちながらも楽しんでいます。担当者どうしの情報交換、経験の長短にこだわらず、切磋琢磨し、カウンターとも一丸となって学生を迎えます。少し緊張していた学生からも笑顔がこぼれ、その後、図書館のファンとなってくれることが何よりの喜びです。日々の研鑽、チームワーク、どれをとっても、我らが図書館司書クルーは皆、〝100年〟をぐっと上回る〝1000年に1人の逸材〟揃いです。仲間が成長し、ぐんぐん育っていく姿に喜びを感じる時、新館増設後、「器に心を入れていってください」という言葉を残して退職していった元上司に、思いを馳せるのです。

そろそろ図書館の枠を越えて

さて、〝100年に1人の逸材〟とは新日本プロレス所属のイケメンプロレスラーである棚橋弘至氏のニックネームです。入場テーマは「HIGH ENERGY」。私と同じ、フルスロットル！　図々しくもこのニックネームを少し拝借してみました。彼はイケメンでパワフルなプロレスラーという顔だけでなく、2016年のスポーツ部門ベスト・ファーザー賞受賞者でもあります。読み聞かせもお好きなようで、私のマイクロライブラリー活動の未来予想図には、父の日を外した6月に（父の日はお子さんたちに優先権がある？）彼をお招きし、『パパのしごとはわるものです』を読んでもらうなんていうのを妄想しているのですが……、あぁ、いいわぁ〜。

妄想ついでに、もうおひとり。ロックバンド「チャットモンチー」の元ドラムの高橋久美子氏もお招きしたいものです。彼女の作詞である「バスロマンス」「親知らず」等などはとても温かい楽曲。私よりもうんと若い彼女の感性にノックアウトされてしまっているのです。彼女の詩は普段着の私に寄り添ってきます。この頃は朗読したり、絵本を作ったりしていらっしゃいます。

こんな2つの素敵な妄想が夢でなく、きっと叶いますように！

これから図書館で仕事をしたい人に

大学図書館の日常業務とは別に、夏の2日間に担当している図書館司書補講習では、最初に相互に自己紹介タイムを設けています。

図書館の表側（利用者側）からの視点だけで夢を膨らませて来ていないだろうかと心配になり、「『本が好きだから』では勤まりませんよ、人が好きでないとね」。そして、肝心なのが雇用の現状を伝えることです。それでないと講義を先に進めることなどできません。丁度、具合のいいことに私の担当講義「図書館特講」のねらいは「図書館業務に係る基礎的な内容や、図書館における今日的な諸課題について　広く取り上げ解説する」とされています。「図書館司書・司書補の資格は取得するだけに終わらず、図書館の理解者となる機会でもあり、仕事にするなら、少ないチャンスを掴み、必ずや専任になって、知の拠点を支えてください」と。そして、声には出しませんが、そしたら、この現状を変えていってくださいと。

仕事で疲れた時にはビタミンを！　キラキラしている人からキラキラをいただく

業務受託の統括としての歴も長くなり、「100年に1人の逸材だわぁ」と自分で感心するほど、強い！強くなった！フルスロットル！　High Energy!　とは言え、〝100年に1人の逸材〟もやる気と勇気がなくなることもあります。そんな弱ったパワーを大きくチャージする機会となったのは3年ほど前の大阪です。FLF（自由なるライブラリーフィールド）主催のDr. ルイス講演会を拝聴した時でした。自分では全く気が付いていなかったのですが、何やらしきりに頷き聴く姿が、講師であるDr. ルイスには大変印象深い聴衆に映ったと聞いています。本当にパワーをいただきました。やはり、キラキラしている人からいただくキラキラは最高の心のビタミンです。

その後、すぐ職場のメンバー（図書館司書クルー）にこの図書館好きの人の話を聴いてもらいたいと講演会を企画。「なぜ、この人はこんなに図書館が好きなんだろう？」と、この疑問は実は私には最近まで不可解なままでした。だって、本は好きだけど、別に図書館でなくても良いもん、という思いが正直ありましたから。〝100年に1人の逸材〟も業務受託という浮島にいてはあかん、大学図書館なんていつか辞めてやる！と思っていましたから。本当に戦えるリングをよこせ！

マイクロライブラリーという図書館の形に出会うまでは……。

私とマイクロライブラリー

ちょっと、ここでマイクロライブラリーのことを話します。スタートさせて半年が経とうとしている私のマイクロライブラリーは主（私）が常駐しないスタイルが日常で、読み聞かせやブックトークをするのが非日常です。マイクロライブラリーの名称は「kiki.s.microlibrary」です。この命名の理由はひとつには前述の幼い息子の思いと私の思いを忘れないようにということ、もうひとつはデリバリーもできるマイクロライブラリーにしたかったことからです。『魔女の宅急便』にインスパイアされています。日常的には大学キャンパス内の「猿カフェ」の片隅に月ごとにテーマを楽しみながら、絵本5～10冊を置いたものです。誰かが手に取ったことがわかったり、読んでいる人を見つけたり、少しずつファンが増えてきているのを喜んでいます。現在、小学校、お寺、知的障害支援施設などともご縁をいただきつつあります。そして、特筆すべきは、会わせてはいけない二人と言われたOさんと私は、美濃市で行われたDr.ルイスの講演会で出会い、激しくスパーク！　未来ある子どもに活字文化を継承するには、大人がまず楽しまなくてはというコンセプトで始めた「大人が絵本を楽しむ会」は今年で第3回目を迎えました。そして、もうひとつのイベント。〝もってぃ〟こと、神戸の森藤恵子さんとエフエムかしまのスタジオジャックで出会い、半年後に「多読と絵本のマイクロライブラリー」を〝いけいけ　いってまえ～〟の乗りでコラボし、彼女が力を入れている英語多読の世界にも惹き込まれているところです。このマイクロライブラリーで私は、新しいライブラリーの可能性を見つけました。なんて面白いんだろう。自分で選書・発注・受入・整理・配架・企画ができるんですもの。おまけにデリバリーすれば、新たな縁にも巡り合いますし、閉塞感のある場を忘れることができます。

〝kikis.microlibrary〟の不動の年間イベントスケジュールのひとつになりそうです。

ラジオと図書館

さて、話を戻し、このDr.ルイスとの出会いから、初めてFMかしま「Dr.ルイスの〝本のひととき」を聴いた時、当時のオープニングテーマのビージーズ「Jive Talking」に心ざわめきました。大好きなビージーズの「Jive Talking」ですよ！　まぁ、なんてセンスのいい！意味深な選曲でしょうと、ときめくことしきりでした。そしてDr.ルイスも御茶ちゃんもセクシーな声！

私は「何かするときに大事なことは」と聞かれたら、「あきらめず、続けること」と答えるでしょう。でも、続けることができないような気持ちに陥る時に、大好きな音楽に触れること、頑張っている人の声、それも同じ業界で頑張っている人の声が電波に乗ってくる、すぐそばにいるようです。実際に会っていなくても会っているようです。これはまるで本との出会いと同じではないでしょうか。正直な話、毎週ラジオを聴くことが難しい時もありますが、聴く時にはなぜか、おっと、きょうの私にぴったり！という、ふと立ち止まり、書棚に手を伸ばし、開いたページが出会いたいものだったように、番組の内容がそうだったりするのですよね。

知人がラジオにゲスト出演となると自分のことのようにドキドキします。このドキドキも含め、心のビタミンです。

また、コミュニケーションの形の中でもラジオは秀逸です。常盤貴子さん主演の映画「引き出しの中のラブレター」でラジオ局の社長役の伊東四朗さんの台詞に「ラジオはテレビよりも対面性があって、人に伝える力がある」というのがあります。まさしくそのとおり、ラジオが人に伝える力はそのパーソナリティとゲストが織りなす空気感、もしかしたら本が持たないものも持っているのではないかと思います。

現在ではFMラジオは地域の情報だけでなく、インターネットを通し、ある地域の情報が温かい声とともに発信されるのです。地域活性化どころか、人に伝える力、人を繋げる力、人と情報をつなげる力は図書館に匹敵するのではないでしょうか。リスナーにとって、その気軽さとは反比例して広く深い世界へ誘ってくれるようです。これぞ、グローカルというものではないでしょうか。

最後に「Stay Gold」

人と出会い、交流し、その時々にいただいた言葉で私は化学反応を起こしてきたように思います。そして、本のページを開けば、先人の言葉、思いに出会うことができ、ラジオのスイッチを入れれば、遠く離れた人の言葉、思いが伝わってきます。

いつまでも子どものように瑞々しい好奇心を持って、みんなが輝き続けることができるよう、様々な循環を生み出し、様々な人の可能性を広げていく、そんな社会のスパイラルアップを作るだけのパワーが、実は図書館にしろ、ラジオにしろ、無限にその可能性を秘めているように思うこの頃、また仕事が楽しくなってきました。

〈注〉
ブログ「司書達よ！書を抱き街に出よう！」 http://kikiwitch.blogspot.jp/
マイクロライブラリー「kiki.s.microlibrary」 http://kikimicrolibrary.ciao.jp

腐女子転じてWebmasterへ、サイト改装からコミュニティFMの可能性を探る

小曽川　真貴

腐女子と図書館と私

「腐女子」という言葉を聞いたことがおありでしょうか。定義は様々揺れていますが、「BLが好きな女子」という点で概ね一致しているのではないかと思います。

BLとは「ボーイズ・ラブ」の略、男性どうしの恋愛を描いた作品群を指します（逆にGLとは「ガールズ・ラブ」の略です）。作品群は「一次創作（オリジナル）」と「二次創作（パロディ）」に大別されます。前者は大半が商業出版で、後者は基本的に自費出版です。私がそれらに初めて出会ったのは小中学生の頃でしたが、本格的に関わるようになったのは大学生になってからでした。

大学時代は作品を読み、自分でも書きながら、BLに関する論文を読み漁るという三本

柱の活動をしていました。大学図書館にもずいぶんお世話になったものです。このときの経験が、後の論文執筆に大いに役立ちました。

ＢＬに関する論文を書くきっかけとなったのは、私がとある小冊子に書いたコラムでした。『girl』[1]という腐女子による腐女子のための腐文化評論誌に寄稿したものです。このコラムの校正をお願いしたうちのひとりの司書の方から「論文に仕立て直してみないか」とお誘いがあったのです。もともとＢＬのことを知っている方に向けて、「ＢＬについて調べるときはこんなツールがありますよ」というようなコラムでしたので、どうしたら論文になるのか全く見当もつかなかったのですが、「ＢＬのことを全く知らない図書館員に向けて、一から丁寧に書いてください」とアドバイスをいただき、「そもそもＢＬとはなんぞや」というところから書き起こすことになりました。すでに何冊か研究書を読んでいる私にとっては、言葉の定義や歴史などはある程度自明のことでしたので、それを丁寧に紐解いていくのが、かえって困難でした。

「これくらい分かっているだろう」という思い込みから自由になることの重要さを学んだように思います。また、できるだけ様々な方に読んでもらいたかったので、読みやすさを一番に心がけました。かじゃのメンバーのお子さんから「面白かった」という感想を聞いたときは本当に嬉しかったです。

一般的なジャンルに比べると、ＢＬは図書館員の中でもなにか「特別なもの」「よく分からないもの」というふうに扱われがちな印象がありましたので、「とりたててめずらしいものでもなく、理解できない、怖いものでもないですよ」となるべくフラットに伝えられたらと考えていました。

修士論文以来の論文執筆となり、自身の力不足に打ちのめされましたが、どうにか仕上がったので、駄目でもともと、という気持ちで日本図書館協会に認定司書の申請をしたところ、なんと審査を通り、認定司書となることができました。後に、この認定司書制度にDr.ルイスが関わっていることを知り、不思議なご縁を感じました。

インターネットとの出会い、ひととの出会い

高校までワープロを使っていた私がパソコンと出会い、そしてインターネットに初めて触れたのは、大学のパソコン室でした。ちょうど１９９５年の頃です。それまで直に会うか紙媒体ぐらいしかなかった交流手段は、インターネットへと広がりつつありました。私

もいくつもの趣味のサイトを巡り、公開された作品を楽しんでいましたが、ちょうど4年生の頃に司書課程の授業の中で、「リンク集を作る」という実習がありました。当時はHTMLについては全く分からなかったのですが、タグをコピー&ペーストしただけだったので、案外簡単に作れるものだな、と思った記憶があります。

就職後半年ほどすると少し仕事に慣れてきたので、休日にサイトを作ってみようと思い立ちました。私は1年契約のパートとして図書館で働いており、毎月15日間の勤務であったため、仕事だけでなく、趣味や自己研鑽にも力を入れようと考えていました。

幸いネット上の講座も充実しており、独学でどうにかサイトを作ることができました。その後、ブログを書いてみたり、SNSを始めたり、はたまたgacco[(2)]で大学の提供する講座を受講したりと、様々なネット上のサービスを利用してきました。これらは基本的に趣味や自己研鑽の一環でやっていることですが、情報発信サービスという点で仕事にも通じるものがあり、「図書館」の懐は本当に広いのだなぁと実感しているところです。

更に、ネット上のサービスやメーリングリスト等を通じて、全国の図書館員とも出会うことができました。パート職員という立場上、通常の業務で他の図書館の方と出会うことがないため、貴重な機会となっています。もちろん実際に会うことも多いですが、会った方とネット上でも交流を深めることができ、非常にありがたいものだと感じています。

なお、少々脱線しますが、友人に誘われて数年前からノベルゲームの共同制作も始めました。これは完全に趣味ですが、調べてみると、HTMLと同じようにタグを書くだけで動かせることが分かったので、思いがけずサイトを作ったときの経験が役立つことになりました。コミックマーケットにもサークルとして参加していますが、皆それぞれに本の装丁や展示方法などを工夫していて、刺激を受けることが多い昨今です。いつか図書館の使い方が分かるオリエンテーションのようなゲームアプリが作れたら面白いのではないかと考えています。

近頃はMiku Miku Danceというフリーソフトで動画を作りはじめました。図書館体操の動きをデータ化するのが、ひそかな目標です。

そしてWebmasterへ

かじゃのメーリングリストで「Webmasterを募集します」との告知があったとき、「なにかお役に立てれば」と思いきって手を挙げました。サイトを作った経験があるのはもちろんですが、かじゃのメインの活動地域である関西には、なかなか行くことができません。距離の制約のないネット上でなら、かじゃの活動にもっと頻繁に参加できるのではないかと考えての立候補でした。

Webmasterとしての活動は、サイトの構造の把握から始まりました。私が利用していたブログサービスとは構造が少し違っていたため、最初は戸惑いましたが、なんとか理解できたので、まずはDr.ルイスやかじゃの皆さんの希望を伺い、既存のサイトの外見を大きく変えることになりました。

「トップの画像を小さくして、更新記事の表示を分かりやすくしたい」とのことでしたので、以前のサイト風のものから、ブログ風のテンプレートに変更しました。Dr.ルイスのイメージカラーである緑のものを見つけたので、そちらを選びました。外見選びで最も重視したのは、「見やすい色と文字サイズ」「ぱっと見たときのサイト構造の分かりやすさ」の2点です。また、「かじゃのページをすっきりさせたい」という要望があったので、記事を分割し、問い合わせフォームを設置しました。さらに、過去の記事にアクセスしづらいと感じたので、「最近の記事」「カレンダー」「カテゴリー」などのプラグインを追加し、読者のニーズにあわせて読みたい記事にたどり着けるよう工夫しました。

その他、細かな構成変更をしたり、使い方の問い合わせに回答したりしていますが、基本的には「こうしたい」という希望を出してもらって、「それならこのような方法がありますが、どれにしましょうか」というような提案と実際の更新作業を行っています。

サイトにはもちろんラジオのページもあり、毎回のゲスト出演者や「今週の一曲」がアーカイブされています。今後は、サイト訪問者にラジオ番組へ興味を持ってもらい、リスナーの輪を拡げていきたいと思っています。手始めに、「ラジオ」ページにインターネットラジオへのリンクを設置しました。トップページにも「ラジオ収録」の予定が掲載されていますので、これと連携させてPRできる仕組みを作りたいと考えています。サイトだけでなく、Twitterなどで、定期的に放送予定を流すことも可能でしょうし、かじゃの皆さんとも相談して、いろいろチャレンジしていきたいです。

ラジオと図書館

エフエムかしまはもちろん、様々なラジオ番組がインターネットで聴けることはご存じでしょうか。恥ずかしながら私もDr.ルイスの番組を聴くまで知らなかったのですが、コミュニティFMは、今やその地域だけでなく、世界中のひとに届けることができるメディアなのです。

お聴きになっている方はすでにご承知だと思いますが、ラジオには文章とはまた違う「声」や「音」の魅力があります。また、コミュニティFMは防災放送を行うなど公共性が高く、図書館との相性は抜群だと感じています。ラジオには映像はありませんが、顔が映らないというのは、使いやすさに繋がる要素ではないでしょうか。図書館の広報というと、紙でもインターネットでも、どうしても文字や写真が中心になっているのが現状です。多様なアクセス手段を確保する必要のある昨今、ラジオも「繋がる」ためのひとつのツールとして考える時期にきているのかもしれません。

〈参考〉

(1)小冊子『girl』については、こちら〈http://girlsha.com/girl4/〉をご覧ください。

(2) gaccoについては、こちら〈http://gacco.org/〉をご覧ください。論文については、「中部図書館情報学会」(https://sites.google.com/site/chuubutoshokanjouhougakkai/)サイト内「中部図書館学会情報誌」の「2014年(54巻)」にて、全文をご覧いただけます。

Dr.ルイスの魔法の力
図書館発ラジオ経由かじゃ行き

棚次　英美

話すことが苦手

「ただいまをもちまして、図書館を閉館します。座席付近をご確認の上、忘れ物のないようにお帰りください」と、このように図書館では閉館時刻を知らせるため、館内放送を流すところが多いかと思います。

この閉館を知らせる館内放送ですが、実は私、恥ずかしながら、今の図書館に勤めはじめて、マトモに言えたことがありません。「ザセキフキンヲゴカクニン」、これが実に難しい。

普段から滑舌が悪く、人前で話すことが大の苦手。声にも自信がありません。

よく通る声の方はプロの野球選手が投げる球のように、スパーンと届きますが、私の声は勢いがなくヘロヘロ。相手に届く前に球が落ちてしまうような、そんな印象を与えているようです。

「話す」ことに自信がないのに、なぜか、声と音の媒体であるラジオで話すことになったのは、Dr.ルイスの魔法の力がはたらいたからだと思えてなりません。

また、このラジオ出演がきっかけで「かじゃ委員会」というパワフルで楽しいメンバーたちに出会うことができました。それもDr.ルイスの魔法の力のおかげかなと思っています。

Dr.ルイスとの初めての出会い

Dr.ルイスに初めてお会いしたのは、大学図書館問題研究会という図書館関連の研究グループによる講演会でのことでした。大学図書館問題研究会は全国に地域グループを有する自主的な図書館系の研究団体です。名前に「大学図書館」とありますが、会員には大学図書館の職員だけでなく、様々な所属の方がいます。

その日の講演会のテーマは「いまあらためて、図書館の地域貢献ってなんだろう」というものでした。Dr.ルイスは鮮やかなレモンイエローのボタンダウンシャツにネッカチーフをまとって颯爽と登場。講演は2時間強の時間を今や主流のパワーポイントを全く使わず、お話中心で進めるスタイルでした。とても熱のこもった講義で、あっという間に終了時間となったことを覚えています。このような講演会では、大体、最後に質疑応答のコーナーが設けられていますが、途切れることなく、参加者からコメントや質問が寄せられ、盛況のうちに終了しました。演者と参加者が共に図書館と地域について考え、その上で何ができるかに思いをめぐらせた一体感を感じる講演会でした。

その講演会で、司会進行を務められた方から名刺を頂いたのですが、頂いた名刺にキラリと光る「かじゃ委員会」の文字がありました。

「かじゃ委員会って……何?」と頭に大きなクエスチョンマークが浮かんだものの、自分が知らないだけで有名な団体なのかもしれず、帰ってから、Dr.ルイスが問題提起としてあげてくださった地域のことと一緒に調べてみようと、その時は特に何も尋ねることなく帰路につきました。

Dr.ルイス再び

Dr.ルイスが講師を務められた研究例会は2か月連続開催の豪華企画でした。第1回目の講演会の経験が忘れられないものであったため、第2回目の企画である読書会にも参加申し込みをし、その日がくるのを心待ちにしていました。

2回目のテーマは「内野安彦先生を囲んで著書について熱く語り合う会」でDr.ルイスの著書『だから図書館めぐりはやめられない』『図書館はラビリンス』を事前に読んで、参加者どうしでお互いにコメントを交わし、語り合おうというものでした。

当日は気持ちが高まりすぎたのか、体調をくずし、参加を諦めかけましたが、行きたいという思いが天に伝わったのか、図書館の神さま(?)が情《なさけ》をかけてくださったのか、徐々に回復、会場に向かうことができました。

休憩時間に隣の方とお話ししたところ、和歌山から来られたとのこと。参加者名簿をみると、他にはなんと広島や愛知から来られた方もおられ、Dr.ルイスの吸引力は全国規模であることに驚き、「諦めないで来てよかった…」と思ったものでした。

心に響く魔法のことば

その読書会のテーマは「語り合う」ことでしたので、私にも発言の機会が回ってきました。「指定図書『だから図書館めぐりはやめられない』には背表紙のデザインに015／ウと914.6／ウのラベルがデザインされていますが、著者としてはどちらに置いてもらいたいと思っているのでしょうか?」と伺うと、Dr.ルイスは「複本を買って（笑）両方においてもらうのが理想」と、にこやかにコメント。その笑顔に「これはこの場で他の著作について聞いてみても許されるかもしれない」と、当日の指定図書ではなかったDr.ルイスの他の著作に書かれていることについても思い切って質問をしてみることにしました。「先生の著書の『図書館長論の試み』にはクレームについて書かれている章がありますよね。その中に実際にあった話で、利用者に〝こんにちは〟と挨拶したところ、〝あなたに挨拶される覚えはないと言われて落ち込んだと、こぼしていた部下の話が忘れられません〟と書かれているところがありました。ここを読んで、私だったらそのようなことを言われてしまったら、とても落ち込んでしまうだろうし、挨拶するのも怖くなってしまうかもしれない。そのようなことを言われたときは、どう気持ちを保てばいいのでしょうか？」と聞いてみました。

問いに対して、Dr.ルイスはこのようなコメントをくださいました。

「図書館員はクレームを怖がりすぎているし、マイナス思考である。ほめてもらったことと叱られたことが2つあれば、叱られたことばかりを覚えている。そうではなく、ほめられたことを大切にすべきだ。ほめられたことは、例えばメモに残して、エプロンのポケットに入れておくといい。それがどんなことでもいいじゃない。それが溜まっていくと、叱られた時でも、今は叱られているけれど、あの時はあんなことでほめてもらったというふうに思えるよ」と。

病気には薬が効くのと同じように、気持ちの入った言葉は心に効くと思います。

現場での経験に即したスタッフを思いやる温かみのあるDr.ルイスのこの言葉はとても心に響きました。

その後、「メモ大作戦」を自分なりにアレンジして始めてみることにしました。いろいろ書き込みができるシステム手帳に日々のことを書き込み、利用者の方から頂いた嬉しかった反応、後悔したこと、マイナスの反応なども記録するようにしました。見返してみると、改善しなくてはいけない課題もあれば、喜んでもらえたかなと思えたことや嬉しいコメントを頂いたこともあり、振り返りの記録として役立てています。

読書会のあと、コメントを頂いたDr.ルイスにお礼を言うために、名刺をもって伺いました。普段は講師の方へ名刺をお渡しする勇気がなくて、そのまま帰ることが多いのですが、次回、いつ近隣地区で講演があるのかどうかもわからず、このままでは何もお伝えできずに終わってしまうと、勇気を出してDr.ルイスの元へ向かいました。緊張のあまり、しどろもどろになりながら、読書会の感想と本の感想を告げ、会場をあとにしました。

まさかのお電話

読書会の数日後、職場に一本の電話がかかってきました。

「内野ですが……」

職場関連で「内野さん」というお名前の方はいません。まさか、直接Dr.ルイスからお電話がかかってくるとは思ってもみなかったので、最初は脳内で変換ができませんでした。

よくよく伺ってみるとあの「Dr.ルイスこと内野先生」であり、ご自身がパーソナリティを務めるラジオ番組の「図書館員・図書館人訪問」のコーナーに〝出てみませんか〟というお話でした。

「Dr.ルイスの〝本〟のひととき」は図書館をメインに扱う全国に類を見ないラジオ番組です。番組の目玉である「図書館員・図書館人訪問」のコーナーには毎週、全国各地の図書館関係者が登場されます。毎回の出演者をどのように選んでいるのかと思われている方もいらっしゃるかもしれません。私も各地の著名な図書館員の方が選ばれて、出演されるのだろうなと想像していました。そして、出演依頼は面識がなくてもメール等を通じてやり取りされるのだろうなと想像していました。ところが出演を依頼するのは、実際にDr.ルイスが会ったことのある人に限るのだそうです。私はこのことを知って非常に驚きました。情報だけでなく、自分の目で見てから出演を依頼する、Dr.ルイスがいかにこの番組を大切にしているかを感じました。

電話を頂き、すっかり舞い上がってしまったものの、ラジオというのは、勤務先の館内放送ですら（たまに自分の苗字でさえ）噛んでしまうと自分にとって、あまりにもハードルが高いと感じました。そんなこともあり、「上への相談も必要ですし、少し返事を待って頂きたい」と電話を切りました。

ラジオの海でおぼれる

さんざん悩んだものの、思い切ってラジオに出てみようと決断しました。それは、うまく話せなくて、どうしようもなくなったとしても、Dr.ルイスならなんとか救い上げてくれるはずと思ったからです。読書会で質問した時もそうでした。質問した側が委縮してしまわないように、気を遣ってくださっていることが感じられたので、そういった意味での安心感もありました。

収録は電話での会話を録音する形で行われたのですが、やはり見事にラジオの海でおぼれてしまいました。番組のパートナーの御茶さんの質問に頭が真っ白、何の言葉も出てこず、何度か録音をしなおしました。特にひどかったのが地域について。にわか仕込みの知識は言葉にならないもので、かろうじて市のキャラクターのことだけを話すことができました。勤務先の大学のことも伝えるつもりでしたが、大学名の由来は棒読み、数字を間違えるなど、収録が終わった時は冷や汗びっしょり、こんなにグダグダな話を公共の電波にのせていいのだろうか、お断りするべきだったと後悔ばかりが残ってしまいました。

かじゃ委員会入会！

収録のあと、番組出演のことは、できるだけ内緒にしておこうと心に決めました。ですが、放送が終わった直後、1通のメールが届きました。差出人は1回目の講演会で司会をされていた岩本さん。「番組を聴きましたよ」とのこと。少しでも面識のある方に自分のたとたどしい話を聞かれたことに顔から火が出る思いで、一刻も早く岩本さんの記憶からリセットされることを願いました。

しかしその後、岩本さんから再びメールが届きました。8月にかじゃ委員会によるラジオジャック、その名も「かしまジャック」を行うので、参加されませんかというものでした。「かじゃ」ってかしまジャックのことだったのかと納得。なんだか全力で楽しそうなことをしているそのパワーにあやかりたいと、かしまジャックに向けた盛り上がりのドサクサに紛れ、かじゃ委員会に入れて頂くことになりました（かしまジャックには参加できませんでしたが……）。

入会してみて感じたのは、かじゃ委員会のメンバーはとにかくパワフル。そしてフットワークが軽くて行動力がすごい。私は旅に出るよりも旅行ガイドを読んで満足するタイプなので、他のメンバーの行動力に脱帽の日々です。そのパワーは言うなれば「かじゃ力」。かじゃのスピリット「いけいけ　いってまえ〜」に刺激を受けつつ、かじゃ力のアップをめざす日々です。

番組はLとRをつなぐもの

ヘッドフォンやイヤフォンなど、音を聴くための装置にはLとRと書かれています。このLとRは、Left（左耳用）、Right（右耳用）のことですが、これをぼんやり見ているとLibrary（図書館）とRadio（ラジオ）を繋ぐ「Dr.ルイスの〝本〟のひととき」みたいだなぁと思うのです。

図書館員も図書館員でない方も、番組を通じて新しい図書館の一面を知ることができたり、もしかすると、番組をきっかけにできた「かじゃ委員会」のような繋がりが生まれるかもしれません。それって素敵なことだなぁと思います。

一見、関係のなさそうに思える図書館とラジオが、番組を媒介にして枝葉を広げていく、それはDr.ルイスの魔法の力といってもいいのではないでしょうか。

最後に、「話す」ことのプロである御茶さんに、話すことがうまくなるような魔法をかけてもらいたいと、Dr.ルイスから、御茶さんに伝えておいていただけませんか。

特別寄稿

番組放送200回に寄せて

エフエムかしま市民放送株式会社代表取締役社長
日本コミュニティ放送協会理事
日本コミュニティ放送協会関東地区協議会会長
近藤　良

他局にない新しい試み「Dr.ルイスの〝本〟のひととき」

エフエムかしまによる「Dr.ルイスの〝本〟のひととき」が番組放送開始以来、200回を迎えました。コミュニティラジオ局による図書情報学の番組は他局には無い、新しい試みです。

縁あって海外での学びの機会を与えられた私は、1983年に5年ぶりの帰国を果たしました。そこで目の当たりにしたテレビ・ラジオの番組にはずいぶん違和感を覚えたことを今でも鮮明に覚えています。品位に乏しく、どのチャンネルもほとんど同じような番組・話題・顔ぶれでの放送は、やがては家庭を築き、父となるであろう私にとって、そのようなテレビ・ラジオは愛する家族には観たり聴いたりさせたくないと思わせられるものでした。

ふとしたきっかけから、厳しい経営環境下に追い込まれたラジオ局の立て直しを命じられた私は、どのような番組が今の時代に求められているかを熟慮することから始めました。そこで気付かされたことは、放送に携わりたい人々と多くの市民の方々との間に横たわる大きな意識のギャップでした。

全国に300局を超えるコミュニティ放送局の業界団体「日本コミュニティ放送協会」の活動を通じ、この業界の様々な場面を見るにつけ、固定観念ともいえる常識に支配された意識の問題を常に感じます。

私たちは、これまでの常識に左右されることなく、真にリスナーから求められているもの、私たちが伝えなければならないものでありながら、人々に喜んで頂けるものとは何かを、あらためて考えなければならない時を迎えています。これらのことを考慮したとき、この他局には無い番組でありながら、エリアを超えて多くの人に支持され愛されている、このDr.ルイスの図書館情報学の番組は良い成功例のひとつと言えるのではないでしょうか。

図書館は、私たちが文化的な日常生活を送るうえで無くてはならないものです。しかし一方で、市民の利用率はそんなに高くはありません。そのような視点で言えば『ラジオと地域と図書館と』は面白い試みといえます。

　昨今のインターネットの普及により、ラジオの聴取方法や聴取形態が大きく変化しようとしています。ラジオによる限定されたエリアでの電波を受信して番組を聞く聴取形態から、スマホ（モバイル）やパソコンにより地球規模の聴取形態に移行しつつある今日において、伝えるべき情報の中身もこれまでのコミュニティラジオの発想ではなく、より大きなエリアを念頭に置いた番組作りも可能となってきています。

　私たち、エフエムかしま市民放送は、日常の生活情報や娯楽番組のみならず、文教面におけるラジオの役割を胸に秘めつつ、「ラジオの本当の魅力とは何か」を自らに問いかけながら歩んで行かなければならないと思っています。

特別寄稿

ルイスと出会って知った図書館の世界

「Dr.ルイスの〝本〟のひととき」のパートナー
エフエムかしま市民放送株式会社編成部長　水井　御茶

「エフエムかしま」は、2000年8月7日に開局。私は、約6万人の街に市民の夢を乗せ誕生したラジオ局のパーソナリティ1期生となりました。

ラジオの持つ力を思い知ったのは、開局から11年後の東日本大震災。エフエムかしまの最も大切な使命は防災ですから、24時間災害情報を発信し続けました。その結果、ラジオを聴く市民が急増しました。

第2の使命は、生活情報・イベント情報・ニュース・音楽など、地域で共に生きている方々に必要とされている情報をキャッチし、いち早く届けること。日頃から地域情報発信の基地として機能していることが求められています。

そのためには、市民とのコミュニケーションや地域活動の取材などを通し、情報アンテナを高くしておくことが大切です。

「あれ、これって、図書館の取り組みと共通していませんか?」

ある時、ルイスの番組で、ラジオと図書館の持つ力や役割に共通点があることを知り、遠かった図書館が急に身近に感じられるようになりました。

ルイスとは、地域で活躍されている方をゲストに迎えてのトーク番組に出演して頂いた時に出会いました。

緊張していたのか物静かで、ちょっと恐そうな収録前のルイス。しかし番組収録が始まると担当パーソナリティの興味がどんどん広がり、トークが弾み、なんと2週続けてルイスの出演が決定。その出演から数ヵ月経った頃、担当パーソナリティから「本」をテーマにした番組を作ってみたらと提案があり、2012年10月に新番組「Dr.ルイスの〝本〟のひととき」が誕生することになったのです。

最初はルイスひとりで番組を担当して頂く予定だったので、1本目の収録に私の声はありません。ルイスの声だけが響くスタジオは、大学の授業を聞いているような……。と言うわけで、ルイスの初収録は電波に乗ることはありませんでした。

「番組アシスタントがいたほうが楽しい放送になるのでは?」との思いから、

1本目のオペレーションを担当した私が、アシスタントを務めることになったのです。あの幻の初収録のオペレーション担当が私でなかったら、この番組は誕生していなかったかもしれません。

それにしても、図書館をほとんど利用しない市民代表のような私と、図書館スペシャリストのルイスとではギャップがありすぎ。ルイスが好きなプロレスもクルマも、私は全く興味なし。結局、ふたりの共通点を見つけることができないまま、番組はスタートしました。

しかし、番組は予想外にもロングラン番組となりました。このことは番組編成部長の私自身が一番驚いています。それもこれも、すべては全国のリスナーの皆様のおかげです。

東日本大震災後、エフエムかしまではインターネット放送を開始。難聴地域対策のために始めたシステムですが、このシステムにより全世界どこにいてもネット環境が整っていれば、エフエムかしまを耳にすることができるようになりました。現在では、コミュニティ放送局の大半でインターネット放送を配信しています。

毎週、全国の図書館員・図書館人の皆さんにゲストとして出演いただき、私は国内旅行をしている気分で図書館について学ばせて頂いています。現場の声は本当にいいですね。

ゲストの人柄・居住地や勤務地のまちの様子・おすすめ観光・グルメなど……。図書館の番組でありながら、図書館以外の様々な情報を聞くことができます。ルイスからは、毎度「御茶ちゃん、この番組はグルメ番組じゃないよ。図書館の番組だよ」と諭されていますが……。

「ルイスにポンポン言えるのは、御茶さんくらいだよ」とリスナーに言われたことがあります。知らないって恐ろしいですよね。私は未だにルイスの本当の凄さを実は知りません。私にとって、ルイスは内野先生ではなく「Dr.ルイス」ですから。

番組では毎週、全国の図書館員・図書館人の皆さんが真面目に頑張っている様子や図書館にかける熱い気持ちをしっかり届けています。そして、ゲストの皆さんから学んだこと、リスナーからの心温まるメッセージ、スタジオを飛び出して公開収録で出会った皆さんの優しさ、そのすべてが、私の16年のパーソナリティ人生を豊かにしてくれました。

私が想像していた以上に番組は前進しています。皆さんに置いて行かれないようにこちらもパワーアップしなければ……。番組を応援してくださっているすべての方々に、ありがとうの気持ちでいっぱいです。

エフエムかしまの小さなスタジオからの発信が、人と人の出会いをつくり、絆を結び、豊かな図書館ライフに繋がっていくことを願い、「図書館Ｌｏｖｅ」を電波に乗せて、今日も元気に発信。

「はい、今週もDr.ルイスの〝本〟のひとときの時間がやってまいりました。今夜も御茶ちゃん、よろしくお願いします」

「はーい、よろしくお願いします」

皆さんのお耳に届く、ダンディーな声と柔らかな声に、うなずいたり、笑ったり、ラジオの前で一緒にご参加ください。

おわりに

こんな企画が通るのだろうか、と最初に相談したのが、ほおずき書籍。『だから図書館めぐりはやめられない』（２０１２年）、『塩尻の新図書館を創った人たち』（２０１４年）と、拙著を2点出版してくれているとはいえ、正直、半ば諦めていた提案でした。

ほおずき書籍の営業の穂谷さんから「おもしろいですね」と、予想外の返答をいただき、早速、企画書を作成。ゴーサインをいただいたのが２０１６年2月。そして11か月後、こうして一冊の本となりました。

恐らく類書はありません。というか、本文中にも書いたように、実践例が極めて少ないのです。私でもできた。茨城の鹿嶋でもできた。ならば、全国で取り組める可能性を秘めているのではないか、と思ったのが本書刊行のきっかけです。

また、ラジオ局には放送審議会というものがあって、定期的に番組の評価が行われています。公共の電波で流れるのですから、一定の品質を求められるのは当然のこと。いつなんどき、私の番組終了を告げられるかはわかりません。番組を続けたいからといって続けられるものではないのです。当面２００回は迎えられそうだとの感触から、本書の企画を立てました。

本書には、13人のリスナーに執筆いただいたほか、エフエムかしま市民放送株式会社代表取締役社長の近藤良様、私の番組のパートナーの水井御茶様に特別寄稿をいただきました。この場を借りて執筆、寄稿していただいた皆様にお礼申し上げます。

なお、大林正智様には執筆だけではなく、私と編集作業もしていただきました。

最後に、本書が生まれたのは、ひとえにリスナーの皆さんのご支援により２００回も番組が続いたことによります。全国のリスナー及び番組にご出演いただいた２００人余のゲストの方々に、衷心より感謝申し上げます。

２０１７年１月吉日

内野　安彦

「Dr. ルイスの“本”のひととき」

〈今週の一曲〉

（2012年10月～2016年12月）

回	放送日	曲名	アーティスト
1	2012年10月1日	君の友だち	キャロル・キング
2	10月8日	明日に架ける橋	サイモン&ガーファンクル
3	10月15日	デスペラード	イーグルス
4	10月22日	オブ・ラ・ディ、オブ・ラ・ダ	ザ・ビートルズ
5	10月29日	アイ・ショット・ザ・シェリフ	エリック・クラプトン
6	11月5日	アメリカン・バンド	グランド・ファンク
7	11月12日	うつろな愛	カーリー・サイモン
8	11月19日	長い夜	シカゴ
9	11月26日	スーパースティション	ベック、ボガート&アピス
10	12月3日	サヨナラ COLOR	高橋真梨子
11	12月10日	木蘭の涙	スターダスト・レビュー
12	12月17日	プカプカ	ザ・ディランⅡ
13	12月24日	Fun×4	大瀧詠一
14	2013年1月7日	教訓1	加川　良
15	1月14日	花の名	バンプ・オブ・チキン
16	1月21日	花～すべての人の心に花を～	喜納昌吉
17	1月28日	出逢いの唄	吉　幾三
18	2月4日	たどりついたらいつも雨ふり	ザ・モップス
19	2月11日	もうひとつの土曜日	浜田省吾
20	2月18日	ウィズアウト・ユー	ニルソン
21	2月25日	デイドリーム・ビリーバー	ザ・モンキーズ
22	3月4日	マサチューセッツ	ビージーズ
23	3月11日	ギブ・ミー・ラブ	ジョージ・ハリスン
24	3月18日	ユード・ビー・ソー・ナイス・トゥ・カム・ホーム・トゥ	ヘレン・メリル
25	3月25日	喜びの世界	スリー・ドッグ・ナイト
26	4月1日	母と子の絆	ポール・サイモン
27	4月8日	プラウド・メアリー	クリーデンス・クリアウォーター・リバイバル
28	4月15日	孤独の旅路	ニール・ヤング
29	4月22日	ホンキー・トンク・ウィメン	ザ・ローリング・ストーンズ
30	4月29日	そして僕は途方に暮れる	大沢誉志幸
31	5月6日	ワダツミの木	元ちとせ
32	5月13日	青春の影	チューリップ
33	5月20日	生活の柄	高田　渡
34	5月27日	8823	スピッツ

回	放送日	曲名	アーティスト
35	6月3日	涙そうそう(ウチナーグチ・バージョン)	夏川りみ
36	6月10日	アメイジング・グレース	ヘイリー・ウェステンラ
37	6月17日	木綿のハンカチーフ	太田裕美
38	6月24日	モンキー・マジック	ゴダイゴ
39	7月1日	LOVE SONG	CHAGE & ASKA
40	7月8日	安奈	甲斐バンド
41	7月15日	いつまでも若く	ボブ・ディラン
42	7月22日	いのちの理由	岩崎宏美
43	7月29日	ひまわり	岩崎宏美
44	8月5日	スタンド・バイ・ミー	ベン・E・キング
45	8月12日	天使の誘惑	黛ジュン
46	8月19日	ステイ・ゴールド	スティーヴィー・ワンダー
47	8月26日	真夏の出来事	melody.
48	9月2日	糸	中島みゆき
49	9月9日	バラ色の日々	ザ・イエロー・モンキー
50	9月16日	シング・シング・シング	ベニー・グッドマン楽団
51	9月23日	スペクトラム	ビリー・コブハム
52	9月30日	トゥー・ビー・ウィズ・ユー	Mr. ビッグ
53	10月7日	夢の途中	来生たかお
54	10月14日	奇跡～大きな愛のように～	岩崎宏美
55	10月21日	亜細亜の空	石井竜也
56	10月28日	帰れない二人	井上陽水
57	11月4日	ミッシング	久保田利伸
58	11月11日	ウォーターメロン・マン	ハービー・ハンコック
59	11月18日	移民の歌	レッド・ツェッペリン
60	11月25日	サルの歌	橘いずみ
61	12月2日	三日月	絢香
62	12月9日	名前のない馬	アメリカ
63	12月16日	ザ・ファースト・カット・イズ・ザ・ディーペスト	ロッド・スチュワート
64	12月23日	ドック・オブ・ベイ	オーティス・レディング
65	2014年1月6日	特別番組（音楽特集）	
66	1月13日	君は天然色	大瀧詠一
67	1月20日	黒の舟歌	長谷川きよし
68	1月27日	安奈	甲斐バンド
69	2月3日	伝わりますか	ちあきなおみ
70	2月10日	I miss you	リンドバーグ

回	放送日	曲名	アーティスト
71	2月17日	ティーチ・ユア・チルドレン	クロスビー、スティルス、ナッシュ＆ヤング
72	2月24日	雨あがりの夜空に	ＲＣサクセション
73	3月3日	コーリング・ユー	ホリー・コール
74	3月10日	ユー・ライト・アップ・マイ・ライフ	デビー・ブーン
75	3月17日	昨日　見た夢	小田和正
76	3月24日	学生街の喫茶店	ガロ
77	3月31日	私はイエスがわからない	イヴォンヌ・エリマン
78	5月5日	ファイト！	中島みゆき
79	5月12日	ウィズアウト・ユー	ハート
80	5月19日	ノー・ワン・バット・ユー	クイーン
81	5月26日	酒とバラの日々	ドリス・デイ
82	6月2日	サルビアの花	もとまろ
83	6月9日	ナウ・アンド・フォーエヴァー	リチャード・マークス
84	6月16日	特別番組（音楽特集）	
85	6月23日	メロディ・フェア	ビージーズ
86	6月30日	歌うたいのバラッド	斎藤和義
87	7月7日	憧れ遊び	堀内孝雄
88	7月14日	駅	竹内まりあ
89	7月21日	夏色	ゆず
90	7月28日	ヴィーナス	ショッキング・ブルー
91	8月4日	時代	中島みゆき
92	8月11日	ホット・レッグス	ロッド・スチュワート
93	8月18日	愛するハーモニー	ザ・ニュー・シーカーズ
94	8月25日	雨にぬれた朝	キャット・スティーブンス
95	9月1日	翼の折れたエンジェル	中村あゆみ
96	9月8日	トワイライト・アヴェニュー	スターダスト・レビュー
97	9月15日	オープン・アームズ	ジャーニー
98	9月22日	Let It Go ～ありのままで～	松たか子
99	9月29日	ドント・ストップ・ミー・ナウ	クイーン
100	10月6日	イエスタディ・ワンスモア	カーペンターズ
101	10月13日	ジェラス・ガイ	ロキシー・ミュージック
102	10月20日	見つめていたい	ザ・ポリス
103	10月27日	アイム・ノット・イン・ラヴ	10cc
104	11月3日	アローン・アゲイン(ナチュラリー)	ギルバート・オサリバン
105	11月10日	サウンド・オブ・サイレンス	サイモン＆ガーファンクル
106	11月17日	好きにならずにいられない	エルビス・プレスリー
107	11月24日	君といつまでも	加山雄三

回	放送日	曲名	アーティスト
108	12月1日	ミスター・ボージャングルズ	ニッティー・グリッティー・ダート・バンド
109	12月8日	ボヘミアン・ラプソディ	クイーン
110	12月15日	*ff*（フォルティシモ）	ハウンド・ドック
111	12月22日	アイ・シャル・ビー・リリースト	ザ・バンド
112	2015年1月5日	オネスティ	ビリー・ジョエル
113	1月12日	ロングトレイン・ランニン	ザ・ドゥーヴィー・ブラザーズ
114	1月19日	ハイアー・グラウンド	スティービー・ワンダー
115	1月26日	輝く星座	ザ・フィフス・ディメンション
116	2月2日	レット・ミー・リヴ	クイーン
117	2月9日	ダイスをころがせ	ザ・ローリング・ストーンズ
118	2月16日	スイート・キャロライン	ニール・ダイヤモンド
119	2月23日	ワンルーム・ディスコ	パフューム
120	3月2日	イッツ・トゥー・レイト	キャロル・キング
121	3月9日	アイム・ア・マン	シカゴ
122	3月16日	有心論	ラッドウィンプス
123	3月23日	君の瞳に恋してる	ジャージー・ボーイズ
124	3月30日	なごり雪	かぐや姫
125	4月6日	天国への階段	レッド・ツェッペリン
126	4月13日	もう話したくない	ロッド・スチュワート
127	4月20日	チャイナ・グローブ	ザ・ドゥーヴィー・ブラザーズ
128	4月27日	カシミール	レッド・ツェッペリン
129	5月4日	大空と大地の中で	松山千春
130	5月11日	レット・イット・ビー	ビートルズ
131	5月18日	月の砂漠	臼杵美智代
132	5月25日	好きになって、よかった	加藤いづみ
133	6月1日	オールド・ファッションド・ラヴ・ソング	スリー・ドッグ・ナイト
134	6月8日	アイ・ジャスト・コールド・トゥ・セイ・　アイ・ラヴ・ユー	スティーヴィー・ワンダー
135	6月15日	アメリカ	サイモン＆ガーファンクル
136	6月22日	マインド・ゲームス	ジョン・レノン
137	6月29日	1963年12月（あのすばらしき夜）	ザ・フォー・シーズンズ
138	7月6日	若葉のころ	ビージーズ
139	7月13日	愛するデューク	スティービー・ワンダー
140	7月20日	愛を感じて	エルトン・ジョン
141	7月27日	声のおまもりください	ビギン
142	8月3日	スローバラード	ＲＣサクセション
143	8月10日	悲しい色やね	上田正樹

回	放送日	曲名	アーティスト
144	8月17日	音楽なし	
145	8月24日	音楽なし	
146	8月31日	ビリー・ジーン	マイケル・ジャクソン
147	9月7日	ダンシング・クイーン	アバ
148	9月14日	ジェット	ポール・マッカートニー&ウィングス
149	9月21日	アメリカン・パイ	ドン・マクリーン
150	9月28日	フライ・ミー・トゥ・ザ・ムーン	ジュリー・ロンドン
151	10月5日	ストーリー	AI
152	10月12日	メイク・アップ	フラワー・トラベリン・バンド
153	10月19日	プライド	今井美樹
154	10月26日	もう一度ハーバーライト	スターダスト・レビュー
155	11月2日	人魚	ボニー・ピンク
156	11月9日	シャイン	ズクナシ
157	11月16日	ゲット・イット・オン	Tレックス
158	11月23日	空を読む	ドリームズ・カム・トゥルー
159	11月30日	音楽なし	
160	12月7日	音楽なし	
161	12月14日	ゴールデン・スランバー	ザ・ビートルズ
162	12月21日	キャンドル・イン・ザ・ウインド	エルトン・ジョン
163	12月28日	ザ・ウェイト	ザ・バンド
164	2016年1月11日	空と君のあいだに	中島みゆき
165	1月18日	大阪で生まれた女	BORO
166	1月25日	家族の風景	ハナレグミ
167	2月1日	受験生ブルース	高石ともや
168	2月8日	世界中の誰よりきっと	中山美穂& WANDS
169	2月15日	アクロス・ザ・ユニバース	ザ・ビートルズ
170	2月22日	長崎小夜曲	さだまさし
171	2月29日	ローズ	ベット・ミドラー
172	3月7日	Diamonds	プリンセス プリンセス
173	3月14日	グッド・タイムズ・バッド・タイムズ	レッド・ツェッペリン
174	3月21日	あいつ	高橋真梨子
175	3月28日	島唄	夏川りみ
176	4月4日	ラヴ・オブ・ザ・コモン・マン	トッド・ラングレン
177	4月11日	ヒア・カムズ・ザ・サン	ニーナ・シモン
178	4月18日	タイト・ロープ	レオン・ラッセル
179	4月25日	ノー・ウーマン、ノー・クライ	ボブ・マーリー
180	5月2日	スペイス・オディティ	デヴィッド・ボウイ
181	5月9日	オール・シングス・マスト・パス	ジョージ・ハリスン

回	放送日	曲名	アーティスト
182	5月16日	彩り	ミスターチルドレン
183	5月23日	はげしい雨が降る	レオン・ラッセル
184	5月30日	青空、ひとりきり	井上陽水
185	6月6日	こんにちは赤ちゃん	梓みちよ
186	6月13日	帰って来たヨッパライ	ザ・フォーク・クルセダーズ
187	6月20日	ハートブレイカー	レッド・ツェッペリン
188	6月27日	ヒア・カムズ・ザ・サン	ザ・ビートルズ
189	7月4日	マイ・フェイバリット・シングス	ジュリー・アンドリュース
190	7月11日	スタンド・バイ・ミー	ロジャー・リドリーほか
191	7月18日	ドック・オブ・ベイ	ロジャー・リドリーほか
192	7月25日	故郷に帰りたい	ジョン・デンバー
193	8月1日	カリフォルニア・シャワー	渡辺貞夫
194	8月8日	あすという日が	ヘイリー・ウェステンラ
195	8月15日	スウィート・ヒッチハイカー	クリーデンス・クリアウォーター・リバイバル
196	8月22日	ブレックファスト・イン・アメリカ	スーパートランプ
197	8月29日	てまりうた	ハンバート ハンバート
198	9月5日	言葉にできない	Juju
199	9月12日	ひとり寝の子守唄	加藤登紀子
200	9月19日	糸	中島みゆき
		人生の扉	竹内まりや
		虹の彼方に	ジュディ・ガーランド
201	9月26日	フー・アー・ユー	ザ・フー
202	10月3日	スマイル	マイケル・ジャクソン
203	10月10日	アイ・ガッタ・ネイム	ジム・クロウチ
204	10月17日	ブルー・ラグーン	高中正義
205	10月24日	ユニコーン	渡辺香津美
206	10月31日	やさしく歌って	ロバータ・フラック
207	11月7日	そよ風の誘惑	オリビア・ニュートン=ジョン
208	11月14日	ウィ・アー・オール・アローン	リタ・クーリッジ
209	11月21日	ジャンバラヤ	ハンク・ウィリアムズ
210	11月28日	アフリカ	トト
211	12月5日	パラノイド	ブラック・サバス
212	12月12日	君の友だち	ダニー・ハサウェイ
213	12月19日	ブレスレス	ザ・コアーズ
214	12月26日	ヒア・ゼア・アンド・エブリウェア	鈴木大介／武満　徹

編著者紹介

〈編著者〉

内野　安彦（うちの　やすひこ）

1956年、茨城県鹿嶋市生まれ。1979年から2007年まで鹿嶋市、2007年から2012年まで長野県塩尻市に奉職。現在、常磐大学、熊本学園大学、同志社大学等の非常勤講師ほか、日本図書館協会認定司書審査会委員（第1期、第4期〜第7期）などを務める。

著書に『だから図書館めぐりはやめられない』（ほおずき書籍、2012年）、『図書館はラビリンス』（樹村房、2012年）、『塩尻の新図書館を創った人たち』（ほおずき書籍、2014年）、『図書館長論の試み』（樹村房、2014年）、『ちょっとマニアックな図書館コレクション談義』（編著書、大学教育出版、2015年）、『図書館はまちのたからもの』（日外アソシエーツ、2016年）、『クルマの図書館コレクション』（郵研社、2016年）等。

大林　正智（おおばやし　まさとし）

1967年、愛知県豊橋市生まれ。民間企業勤務後、2007年、司書資格取得。大学図書館勤務を経て2010年、田原市図書館へ。現在、主務嘱託司書。移動図書館など担当の後、郷土参考、逐次刊行物、多言語資料などを担当。図書館公式フェイスブックでコラム【ROCK司書の「ROCKはもう卒業だ！」】を連載中。

著書に『ちょっとマニアックな図書館コレクション談義』（共著、大学教育出版、2015年）がある。

〈著者〉

石川　敬史（いしかわ　たかし）

１９７６年、新潟県生まれ。工学院大学図書館課長補佐、総合企画室課長などを経て、現在、十文字学園女子大学准教授。戦後日本の移動図書館の調査・研究に注力している。著書に『図書館の現場力を育てる』（共著、樹村房、２０１４年）、『大都市・東京の社会教育』（共編、エイデル研究所、２０１６年）などがある。

北澤　梨絵子（きたざわ　りえこ）

長野県塩尻市生まれ。神奈川県の大学で司書資格を取得し、卒業後、嘱託職員として塩尻市立図書館に勤務。２００６年に塩尻市職員採用試験に合格。翌年、図書館に配属され、新館建設の計画や移転等にも携わる。２０１５年より児童サービスを担当。

岩永　知子（いわなが　ともこ）

岐阜県岐阜市生まれ。１９９８年４月から２０１３年９月まで岐阜市立図書館に嘱託職員として15年間勤務。２０１３年10月、相模原市役所に司書として入職。これを機に、生まれ育った岐阜市を離れ相模原で暮らす。現在、相模原市立図書館に勤務。第２期日本図書館協会認定司書。

岩本　高幸（いわもと　たかゆき）

１９６１年、兵庫県芦屋市生まれ。１９８４年、堺市入職。司書職として市立図書館に31年間勤務、中央図書館総務課主幹、中図書館館長代理を経て退職。２０１６年、㈱図書館流通センター入社。現在、奈良県桜井市立図書館長。２０１４年までライブラリーマネジメントゼミナール運営スタッフ。

森藤　恵子（もりふじ　けいこ）
大阪府大阪市生まれ。㈱カネカ入社後、研究所事務職兼図書室運営に携わる。神戸市に転居後、縁があって神戸市外国語大学図書館へ。神戸市看護大学図書館及び神戸市立図書館等非常勤職員を経て、現在、神戸市内私立大学図書館の業務責任者。大学図書館問題研究会兵庫地域グループ事務局長。

井上　俊子（いのうえ　としこ）
兵庫県神戸市生まれ。高校も大学も勤務先もすべて神戸市内でおさまった生粋の神戸っ子。卒業後、大学図書館に勤務。ただいま絶賛研鑽中。大学図書館問題研究会兵庫地域グループ財政部長。

栗生　育美（くりう　いくみ）
和歌山県海南市生まれ。大学卒業後、国語科の教員として私立高校に就職。その後、教育現場の最前線で有用に使うはずだった司書資格をもって、なぜか図書館の世界へ。特殊法人日本貿易振興会（ＪＥＴＲＯ）ビジネスライブラリー勤務を経て、２００４年、吹田市教育委員会に入職。現在、吹田市立中央図書館に勤務。第６期日本図書館協会認定司書。

河西　聖子（かわにし　せいこ）
奈良県大和郡山市生まれ。２歳から概ね南山城地域住まい。大学在学中、通信教育で司書資格を取得。精華町役場に事務職として入職後、町立図書館に16年間勤務。現在、京都府立大学京都政策研究センターに派遣中。

高橋　彰子（たかはし　あきこ）
神奈川県生まれ。児童教育専攻。２００

0年より大磯町立図書館に臨時職員として勤務。その後司書、司書教諭資格取得。2009年NPO法人大きなおうちを設立。現在、代表理事。

千邑　淳子（ちむら　じゅんこ）
愛知県名古屋市生まれ。大学卒業後、大学職員として図書館勤務を経験。出産・育児のため、退職。ヤクルトレディ、社会人大学院生、資料館調査員等を経て、大学図書館司書として復帰。現在、LCO株式会社図書館事業部統括マネージャー。

小曽川　真貴（こそがわ　まき）
愛知県生まれ。同県内公共図書館のパート職員として勤務、15年目を迎える。目録、雑誌、児童、予約等の業務を経て、現在は視聴覚資料担当。勤務の傍ら、研修や交流会、メーリングリスト等に参加。第5期日本図書館協会認定司書。レファレンス協同データベースサポーター。

棚次　英美（たなつぐ　えみ）
大阪府生まれ。現在、大阪府内の私立大学図書館に勤務。本と人をつなげるしおりkumoriサポーター。大学図書館問題研究会大阪地域グループ会員。

ラジオと地域と図書館と
～コミュニティを繋ぐメディアの可能性～

2017年2月25日　第1刷発行
2017年3月1日　第2刷発行
編著者　内野 安彦・大林 正智
発行者　木戸 ひろし
発行所　ほおずき書籍株式会社
〒381-0012　長野県長野市柳原 2133-5
☎ 026-244-0235
www.hoozuki.co.jp
発売元　株式会社星雲社
〒112-0005　東京都文京区水道 1-3-30
☎ 03-3868-3275

ISBN978-4-434-22971-8